JARDIN BOTANIQUE

DE

L'ÉCOLE DE MÉDECINE

DE PARIS.

JARDIN
BOTANIQUE

DE

L'ÉCOLE DE MÉDECINE

DE PARIS,

ou

Description abrégée des plantes qui y sont
cultivées ;

PAR A. POITEAU,

Botaniste, jardinier en chef audit jardin.

PARIS,

Chez MÉQUIGNON-MARVIS, Libraire pour la partie
de Médecine, rue de l'École de Médecine, n° 9.

1816.

AVERTISSEMENT.

L<small>E</small> Catalogue du Jardin botanique de l'École de médecine de Paris, publié par mon prédécesseur en 1799, étant épuisé depuis long-temps, j'ai pensé qu'il seroit agréable à MM. les Élèves, qu'au lieu d'une seconde édition de ce catalogue, on leur offrît un petit ouvrage manuel contenant la description abrégée des genres et espèces de plantes que contient le jardin, et la clef du système de classification que M. le professeur Richard y a établi.

INTRODUCTION.

Les végétaux peuvent être étudiés et considérés sous un si grand nombre de rap-
ports, que la Phytologie n'a d'autres bornes que celles de l'esprit humain; mais si
cette belle science, après en avoir éclairé
beaucoup d'autres, semble se confondre
avec elles par ses nombreuses ramifica-
tions, elle a cependant toujours un corps
de doctrine qui la constitue essentiellement, et qui la distingue de toutes les autres. Ce corps de doctrine, appelé proprement *Botanique*, n'est formé que de
deux élémens, qui sont, la connoissance
du nombre des organes extérieurs des
plantes, et celle des modifications de ces
mêmes organes.

Rien n'est plus aisé que d'acquérir ces
deux connoissances, et celui qui les possède est vraiment botaniste.

Les organes extérieurs des plantes ne
sont guère plus nombreux que les lettres

de l'alphabet, et ils peuvent être tout
aussi aisément appris. L'étude des modifications de ces mêmes organes est plus
étendue, il est vrai, mais non moins aisée :
elle est essentiellement comparative ; l'esprit y trouve de l'exercice et des solutions
qui l'alimentent et le fortifient.

Ainsi donc, comme celui qui connoît
les vingt - quatre lettres de l'alphabet et
leurs combinaisons, pourroit aisément for-
mer des millions de mots représentant des
millions d'idées ; de même celui qui connoît les organes extérieurs des plantes et
les modifications qu'ils subissent, pourroit aisément reconnoître et distinguer,
par des caractères simples ou combinés,
des millions de plantes, s'il en existoit un
aussi grand nombre à la surface du globe.

Ces modifications caractéristiques sont
des espèces de lettres écrites sur les végétaux : *Has inscripsit* CONDITOR *: has le-*
gere nostrum erit studium, dit Linné.

La science du botaniste a pour terme
l'art de distinguer nettement les espèces de
plantes les unes des autres ; et celui qui
ne possède pas cet art jusqu'à un certain

degré de perfection, est toujours exposé à commettre des erreurs plus ou moins graves, en cultivant quelque autre branche de la Phytologie.

Il n'est pas du tout nécessaire, pour arriver à ce degré de perfection, d'avoir vu ou connu toute cette immensité de plantes relatée dans les répertoires des botanistes : un maître judicieux peut, dans le choix d'un nombre très-limité de genres et d'espèces, offrir à l'étude de ses élèves tout ce qu'il leur importe de savoir, pour n'être plus jamais arrêtés dans la pratique par aucune autre difficulté que par les bornes mêmes de la science.

Le Jardin botanique de l'Ecole de médecine de Paris, planté par M. le professeur Richard, en 1798, présente non-seulement le choix de genres et d'espèces dont je viens de parler, mais encore tous les avantages qu'on pouvoit attendre d'un professeur aussi distingué. Les plantes y sont rangées selon le système sexuel, auquel M. Richard a apporté de savantes modifications qui en ont considérablement diminué les exceptions, et l'ont rendu d'un usage infiniment plus sûr dans l'étude, sans lui rien faire perdre de sa clarté et de sa facilité.

M. Richard, plus jaloux de répandre l'instruction parmi ses élèves, que d'étendre sa propre gloire, n'a jamais rien fait pour que les heureuses modifications qu'il a apportées au système sexuel fussent connues au-delà de l'école dans laquelle il enseigne. Cependant ces modifications sont de nature à intéresser vivement les véritables botanistes, parce qu'elles sont basées sur des considérations et sur des faits qui ne sont encore appréciés que par les maîtres de l'École françoise.

En composant cet ouvrage, mon but a été de faire une chose utile et agréable à ceux de MM. les élèves en médecine qui fréquentent le Jardin de l'École. Pour arriver à ce but, j'ai dû d'abord me renfermer dans un petit volume commode et portatif; j'ai dû ensuite décrire avec assez de détails les genres des premières classes, afin d'avoir occasion de signaler à ceux de MM. les élèves qui sont encore étrangers à la botanique, la très-grande majo-

rité des organes qui, par leurs diverses
modifications, fournissent aux botanistes
les moyens de distinguer les genres et les
espèces de plantes. Dans les classes sui-
vantes, j'ai été successivement plus con-
cis, et m'en suis enfin tenu aux caractères
essentiels. De cette manière, l'élève qui,
d'après mon indication, aura trouvé beaucoup d'organes ou de modifications d'organes dans les fleurs et les fruits des premières classes , sera naturellement porté
à chercher les mêmes choses dans les plantes où je ne les indique pas et où même
elles n'existent pas : or, lorsqu'on sait
chercher dans une fleur ce qui n'y est pas
indiqué, on est déjà botaniste.

Quelques personnes m'avoient conseillé,
et moi-même j'avois eu d'abord l'inten-
tion de faire précéder les descriptions par
l'explication de la plupart des termes
techniques propres à la botanique ; mais,
en y réfléchissant, j'ai reconnu que cette
explication étoit parfaitement inutile dans
un ouvrage de la nature de celui-ci, puis-
que l'élève qui s'en servira aura nécessai-
rement sous les yeux les objets même

dont il sera question : d'ailleurs, la botanique est une science tellement cultivée
aujourd'hui, que toutes les personnes qui
ont reçu une bonne éducation et qui ont
l'usage du monde, n'éprouvent aucune
difficulté lorsqu'elles veulent l'étudier plus
particulièrement.

J'ai disposé en tableau synoptique les
vingt-cinq classes sous lesquelles sont rangées toutes les plantes du Jardin, afin que
le caractère constitutif de chaque classe
ressorte clairement et puisse se graver
dans la mémoire : car, comme il faut absolument connoître ses lettres par cœur
pour pouvoir lire, de même il faut absolument avoir dans la tête une méthode
quelconque pour étudier les plantes. Heu-
reusement, rien n'est aussi aisé que de
graver dans sa mémoire les caractères de
vingt-cinq classes, quand le caractère de
chacune d'elles est exprimé par un seul
mot qui peint le caractère même.

Les ordres de ces classes ne sont pas
susceptibles d'être disposés ainsi en tableau synoptique, mais tous, excepté les
trois de la synanthérie, s'expriment éga-

lement chacun par un seul mot qui les définit. Ces trois ordres, appelés *cichoracées*, *carduacées* et *corymbifères*, ont pour caractère : 1º. les *cichoracées*, toutes les fleurs semi-flosculeuses ; 2º. les *carduacées*, toutes les fleurs flosculeuses, et le phoranthe garni de plus de soies ou de paillettes qu'il n'y a de fleurons ; 3º. les *corymbifères*, les fleurs, ou toutes flosculeuses, ou flosculeuses dans le disque, et semi-flosculeuses à la circonférence ; le phoranthe, ou nu, ou garni de paillettes ou de soies en nombre pas plus grand que celui des fleurons.

Explication des signes et des abréviations.

Signes.

⊙ Désigne les plantes annuelles, c'est-à-dire celles qui terminent leur existence dans le cours d'une année.

♂ — Celles qui ne terminent leur existence que dans la seconde année, et que par cette raison on appelle *bisannuelles*.

♃ — Les plantes vivaces, c'est-à-dire celles dont la tige meurt chaque année, mais dont la racine vit plusieurs années.

♄ — Les végétaux à tige ligneuse, tels que les arbres et les arbrisseaux.

Noms d'auteurs.

Ad.	Adanson.	Mur.	Murray.
Ait.	Aiton.	Neck.	Necker.
Al.	Allioni.	Pl.	Plumier.
Bauh.	Bauhin.	Pluk.	Plukenet.
Cl.	Clusius.	Poi.	Poiteau.
Cr.	Crantz.	Rich.	Richard.
Dec.	Decandolle.	Riv.	Rivin.
Desf.	Desfontaines.	Roth.	Roth.
Gm.	Gmelin.	Ro.	Royen.
Gr.	Gronovius.	Sal.	Salisbury.
Hal.	Haller.	Schrad.	Schrader.
Jacq.	Jacquin.	Sm.	Smith.
Jus.	Jussieu.	T.	Tournefort.
Lmk.	Lamarck.	Vail.	Vaillant.
L.	Linné.	Vent.	Ventenat.
Mich.	Michaux.	Vil	Villars.
Mil.	Miller.	Willd.	Willdenow.

Noms des pays où les plantes croissent.

Af.	Afrique.	Eu.	Europe.
Am. mér.	Amérique méri-dionale.	Fr.	France.
		Fr. mér.	France méridio-nale.
Am. sept.	Amérique sep-tentrionale.	Gr.	Grèce.
An.	Antilles.	Hel.	Helvétie.
Ar.	Arabie.	Ind.	Indes.
Arm.	Arménie.	It.	Italie.
As.	Asie.	Jap.	Japon.
Aut.	Autriche.	Lap.	Laponie.
Bar.	Barbarie.	Mac.	Macédoine.
Boh.	Bohême.	Mal.	Malabar.
Br.	Brésil.	Mar.	Maryland.
Can.	Canada.	Or.	Orient.
Cap. B.	Cap de Bonne-Espérance.	Pal.	Palestine.
		Pen.	Pensylvanie.
Capp.	Cappadoce.	Pe.	Pérou.
Car.	Caroline.	Per.	Perse.
Cei.	Ceilan.	St.-Do.	Saint-Domingue.
Ch.	Chine.	Sib.	Sibérie.
Cr.	Crète.	Sur.	Surinam.
Eg.	Egypte.	Syr.	Syrie.
Esp.	Espagne.	Th.	Thrace.
Eth.	Ethiopie.	Virg.	Virginie.

JARDIN BOTANIQUE

DE

L'ÉCOLE DE MÉDECINE

DE PARIS.

CLASSE I. MONANDRIE.
ORDRE I. MONOGYNIE.

1. HIPPURIS. L.   *PESSE-D'EAU.*

CALICE entier couronnant l'ovaire : corolle nulle : étamine périgyne : stigmate subulé velu. Fruit monosperme, ovoïde, indéhiscent, perforé au sommet, contenant une graine pendante dont l'embryon bilobé, axile, a la radicule dirigée vers le hile.

H. VULGARIS. L.   *P. commune.*

Feuilles verticillées, linéaires, aiguës. Fleurs très-petites, axillaires, sessiles. ♃ Fr.

2. SALICORNIA. T.   *SALICORNE.*

Calice entier, tétragone, ventru : corolle nulle : étamine attachée au fond du calice : ovaire libre, monosperme, surmonté d'un style à deux stigmates. Le fruit est un utricule renfermé dans le calice accru et ventru ; il contient une graine arrondie,

I

dressée, composée d'une enveloppe membraneuse, d'un endosperme farineux, central, et d'un embryon périphérique, dont la radicule et les cotylédons sont dirigés vers le hile.

S. FRUTICOSA. L. *S. ligneuse.*

Tige droite, rameuse, à rameaux articulés et sans feuilles. Fleurs très-petites dans les articulations terminales. ♄ Fr.

Obs. On trouve quelquefois des fleurs à deux étamines.

3. CENTRANTHUS. Neck. *CENTRANTHE.*

Calice adhérent, à bord roulé en dedans pendant la floraison : corolle monopétale éperonnée, à tube biloculaire, à limbe presque bilabié divisé en cinq lobes ovales. Le fruit est oblong, couronné par une aigrette plumeuse rayonnante; il contient une graine pendante, dont la radicule de l'embryon est dirigée vers le hile.

C. RUBER. Dec. *C. rouge.*

Feuilles oval-lancéolées. Fleurs en thyrse terminal. ♃ Fr.

ORDRE II. DIGYNIE.

4. UNIOLA. L. *UNIOLE.*

Lépicène bivalve, multiflore; valves égales : paillettes de la glume inégales; l'extérieure lancéolée, comprimée; l'intérieure une fois plus courte, bicarénée, tridentée : paléoles de la glumelle échancrées : stigmates velus, plus longs que les styles.

U. LATIFOLIA. Mich. *U. à larges feuilles.*

Feuilles planes lancéolées : ligule ciliée : fleurs
en panicule; épillets ovales, oblongs, très-comprimés. ⚥ Am. sep.

5. BLITUM. L. *BLETE.*

Calice trifide : corolle nulle : étamine attachée
au fond du calice : ovaire libre, monosperme. Le
fruit est un utricule recouvert par le calice devenu
succulent; il contient une graine ovale, arrondie,
dressée, composée d'une enveloppe crustacée;
d'un endosperme charnu (farineux, Jus.), central;
d'un embryon périphérique, dont la radicule et
les cotylédons sont dirigés vers le hile.

B. VIRGATUM. L. *Blète effilée.*

Feuilles lancéolées, hastées, incisées : fleurs
réunies en têtes axillaires, sessiles, latérales : fruits
rouges, fragiformes. ♂ Fr.

CLASSE II. DIANDRIE.
ORDRE I. MONOGYNIE.

6. PIPER. Bauh. *POIVRE.*

FLEURS en chaton. Calice quadriphylle ou
nul : corolle nulle : deux ou quatre étamines :
ovaire libre; style court, à trois stigmates. Fruit

scobiforme ou pisiforme, monosperme : graine pendante, endospermique ; embryon axile, extérieur, bilobé, ayant la radicule dirigée vers le hile.

Obs. Tous les poivres ont les fleurs disposées en chaton caudiforme, et cette inflorescence suffit presque toujours dans la pratique pour faire reconnoître le genre.

P. MEDIUM. Jacq.   *P. moyen.*

Feuilles oval - oblongues, acuminées, glabres, à cinq nervures. ♄ Am. mér.

P. MAGNOLLÆFOLIUM. Jacq.

P. à feuilles de magnolia.

Feuilles ovales, obtuses, charnues. ♃ Am. mér.

7. CIRCÆA. L.   *CIRCÉE.*

Calice diphylle, réfléchi, caduc. Corolle dipétale : étamines insérées au bas du calice : ovaire adhérent, turbiné, surmonté d'une colonne portant tous les autres organes de la fleur. Le fruit est une capsule turbinée, hérissée, biloculaire, à loges dispermes, et s'ouvrant par la base en deux valves. Les graines sont dressées, et leur embryon a la radicule infère.

C. LUTETIANA. L.   *Circée parisienne.*

Tige droite ou divergente, simple ou rameuse : feuilles ovales, denticulées, pubescentes. Fleurs d'un blanc rosé, en grappe simple terminale. ♃ Fr.

8. JASMINUM. T.   *JASMIN.*

Calice quinquefide : corolle infundibuliforme,

à limbe plane, quinquefide : ovaire libre, à deux loges, chaque loge contenant deux ovules attachés par le côté au milieu de la cloison. Le fruit est une baie succulente, arrondie ou bilobée, biloculaire, à loge mono ou disperme : la graine est ascendante, attachée au bas de la cloison ; elle est composée d'une enveloppe propre très-épaisse, colorée, coriace, rugueuse ; d'un endosperme membraneux, d'un embryon ovale, dressé, à radicule infère.

Obs. En examinant le fruit du jasmin un peu avant sa maturité, on est porté à croire que ce que Gœrtner nomme tégument charnu de la graine, n'est que la partie charnue du péricarpe, et que l'arille indiquée par M. de Jussieu n'est autre chose que le tégument propre la graine.

J. OFFICINALE. L.   *J. commun.*

Tige sarmenteuse : feuilles opposées, profondément pinnatifides, à lobe terminal plus grand : divisions calicinales sétacées ; fleurs blanches aux extrémités des rameaux. ♄ Mal.

Obs. Je ne sache pas qu'on ait encore vu cet arbrisseau fructifier en France : je l'ai vu cultiver à Saint-Domingue, où il donne quelques fruits noirs arrondis, du volume d'un gros pois.

J. FRUTICANS. L.   *J. Jonquille.*

Tige anguleuse, droite : feuilles alternes, la plupart ternées et les autres simples : fleurs jaunes terminales. ♄ Fr. mér.

9. LIGUSTRUM. T.   *TROENE.*

Calice à quatre dents : corolle monopétale, tu-buleuse, à quatre lobes : ovaire libre, biloculaire, chaque loge contenant deux ovules pendans. Le fruit est une baie globuleuse à une ou deux loges, a une, deux, trois ou quatre graines pendantes qui ont l'endosperme charnu et la radicule de l'embryon dirigée vers le hile.

L. VULGARE. L.   *T. commun.*

Feuilles oblongues, lancéolées, subopposées, Fleurs blanches en thyrse terminal. ♄ Fr.

10. OLEA. T.   *OLIVIER.*

Calice à quatre dents : corolle monopétale, tu-buleuse, à limbe quadrilobé : ovaire libre, bilocu-laire, chaque loge contenant deux ovules pendans. Le fruit est un drupe indéhiscent, oval - oblong, biloculaire, ou le plus souvent uniloculaire et monosperme par avortement : la graine, alongée comme le noyau, est pendante, endospermique, et la radicule de son embryon est dirigée vers le hile.

O. EUROPÆA. L.   O. *d'Europe.*

Feuilles opposées, oblongues, lancéolées, blan-châtres et soyeuses en dessous : fleurs blanches terminales. ♄ Fr. mér.

Obs. M. Decandolle remarque que l'olivier est le seul végétal où l'huile fixe ne soit pas renfermée dans la graine, et soit placée autour du noyau. Les variétés d'olivier cultivées dans le levant et dans le midi de la France, sont très-nombreuses.

11. LILAC. T. *LILAS.*

Calice à quatre dents : corolle monopétale, tubuleuse, à limbe plane, quadrilobé : ovaire libre, biloculaire, chaque loge contenant deux ovules pendans. Le fruit est une capsule oblongue, comprimée, biloculaire, loculiscide, axifrage dans la partie supérieure : les graines, géminées dans chaque loge, ou solitaires par avortement, sont pendantes, membraneuses, endospermiques, et leur embryon a la radicule dirigée vers le hile.

L. VULGARIS. L. *L. commun.*

Feuilles en cœur : fleurs en thyrse. ♄ Or. *Introduit en France en* 1562.

Obs. Ayant particulièrement étudié la famille des lilacées et celle des jasminées, je me suis assuré que toutes les plantes, soit indigènes, soit exotiques, qui se rapportent naturellement à l'une ou à l'autre de ces deux familles, ont les feuilles ponctuées en dessous.

12. VERONICA. T. *VÉRONIQUE.*

Calice à quatre ou cinq divisions : corolle monopétale, rotacée, à quatre lobes dont l'inférieur est le plus petit : étamines ascendantes : style décliné : ovaire libre, entouré d'un disque à la base. Capsule comprimée, échancrée en cœur au sommet, biloculaire, loculiscide, à loges polyspermes;

les graines , attachées à un trophosperme axile et saillant dans chaque loge , sont lenticulaires , membraneuses, endospermiques, et leur embryon a la radicule dirigée vers le hile.

V. OFFICINALIS. L. *V. officinale.*

Tige rampante , velue , ainsi que les feuilles , qui sont obovales et dentées en scie : les fleurs sont bleuâtres et disposées en grappes axillaires. ♃ Fr.

V. TEUCRIUM. L. *V. teucriette.*

Tige ascendante : feuilles opposées , ovales, oblongues, lancéolées et linéaires , les unes incisées , les autres dentées en scie : fleurs bleues en grappes latérales plus élevées que la tige : calice à cinq dents. ♃ Fr. *Les feuilles varient beaucoup dans leur forme.*

V. BECABUNGA. L. *V. becabunga.*

Tige rampante ou ascendante : feuilles ovales , dentées en scie , planes , glabres : fleurs bleuâtres, en grappes axillaires. ♃ Fr.

Obs. Dans les ruisseaux ombragés des bois, cette plante se tient droite, et s'élève quelquefois à la hauteur d'un homme.

13. GRATIOLA. L. *GRATIOLE.*

Calice quinquephylle , persistant et muni de deux grandes bractées à la base : corolle monopétale , presque bilabiée, à lèvre supérieure , ascendante, échancrée, à lèvre inférieure , trilobée : quatre étamines didynames, dont deux inférieures stériles : ovaire libre, entouré d'un bourrelet à la base. Le fruit est une capsule ovale, acuminée, biloculaire, à peine loculiscide au sommet. Un trophosperme axile, saillant dans l'une et l'autre loge, supporte un très-grand nombre de graines anguleuses et alongées en pyramide renversée.

G. OFFICINALIS. L. *G. officinale.*

Feuilles lancéolées, dentées en scie : fleurs solitaires, axillaires. ♃ Fr.

N. B. Le rudiment d'une cinquième étamine, indiqué par MM. Jussieu, Ventenat et Decandolle, s'est toujours soustrait à mes recherches.

14. LYCOPUS. T. *LYCOPE.*

Calice à cinq dents : corolle tubuleuse, évasée, en un limbe presque régulier, quadrilobé : deux étamines stériles très-petites, et deux autres fertiles, à anthères lunulées; l'ovaire, entouré d'un bourrelet à la base, est à quatre lobes, et a quatre loges monospermes, solubles et indéhiscentes dans la maturité : la graine est attachée vers le bas de la loge, et l'embryon qu'elle contient a la radicule infère.

L. EUROPÆUS. L. *L. européen.*

Feuilles sinuées et dentées : fleurs ponctuées, verticillées et sessiles. ♃ Fr.

15. ROSMARINUS. T. *ROMARIN.*

Calice bilabié, comprimé; lèvre supérieure à

peine tridentée ; lèvre inférieure bifide : corolle
monopétale, bilabiée : orifice du tube plissé transversalement. Deux étamines stériles, deux autres
fertiles, saillantes et dont les filets sont munis d'une
dent vers la base.

R. officinalis.   *R. officinale.*

Feuilles linéaires, à bords roulés en dessous.
♄ Fr. mér.

16. MONARDA. L.   *MONARDE.*

Calice à cinq dents : corolle bilabiée ; lèvre supérieure linéaire, entière, enveloppant les étamines.

M. coccinea. Rich. Didyma. L.   *M. écarlate.*

Tige à quatre ongles tranchans : feuilles ovales,
dentées : fleurs rouges en verticilles terminaux.
♃ Am. sept.

17. SALVIA. T.   *SAUGE.*

Calice et corolle bilabiés : rudiment de deux
étamines stériles ; connectif des étamines fertiles
très-long, filamentiforme, portant au bout supérieur une loge d'anthère fertile, et, au bout inférieur, l'autre loge avortée.

S. officinalis. L.   *S. officinale.*

Feuilles ovales, lancéolées, crénelées : fleurs en
épis. ♄ Fr. mér.

S. sclarea. L.   *S. sclarée.*

Feuilles en cœur alongé, rugueuses, velues en

dessous : fleurs en panicule, munies de grandes bractées cordiformes. ♂ Syrie. Fr.

S. HORMINUM. L.   *S. hormin.*

Feuilles obtuses, crénelées : fleurs en épi terminé par de grandes bractées vides, colorées. ⊙ Gr.

ORDRE II.   DIGYNIE.

18. ANTHOXANTHUM. L.   *FLOUVE.*

Lépicène bivalve, uniflore ; valves inégales. Glume à deux paillettes velues, obtuses, un peu inégales, munies chacune d'une arête dorsale, articulée sur la plus grande, et simple sur la plus petite : glumelle à deux paléoles ovales, inégales.

A. ODORATUM. L.   *Fl. odorante.*

Panicule resserrée en épi. ♃ Fr.

CLASSE III.   TRIANDRIE.
ORDRE I.   MONOGYNIE.

19. VALERIANELLA. Vail.   *MACHE.*

CALICE adhérent, diversement denté : corolle monopétale, tubuleuse, munie d'une bosse à la base au lieu d'éperon ; le limbe, un peu évasé, se divise en cinq lobes irréguliers : le fruit, couronné par le calice qui varie de grandeur et de forme selon les espèces, est indéhiscent, divisé intérieurement en trois loges, dont deux constamment vides, et l'autre monosperme : la graine est pendante, et son embryon a la radicule dirigée vers le hile.

N. B. J'ai observé que, dans le fruit de la *valerianella succedanea*, la valve de la loge fertile se détachoit aisément, et laissoit la graine à nu; que l'espèce de cloison qui divise en deux la cavité stérile de l'autre moitié du fruit, manquoit quelquefois, et qu'alors ce même fruit étoit biloculaire, et ne différoit plus de ceux des *spermacoce*, qu'en ce qu'il a constamment l'une de ses deux moitiés difforme et stérile : peut-être trouveroit-on la cause de cette imperfection dans la structure du stigmate.

V. OLITORIA. Dec.   *M. commune.*

Calice dénué de limbe : fruit oblong, trilobé; lobe fertile plus grand que les deux autres. ☉ Fr.

20. VALERIANA. T.   *VALÉRIANE.*

Calice roulé en dedans pendant la floraison : corolle infundibuliforme, munie d'une bosse à la base; limbe inégal à cinq divisions : ovaire adhérent, oblong, devenant un fruit de même forme, indéhiscent, couronné par une aigrette rayonnante, plumeuse; il contient une graine pendante, libre, dont l'embryon, renversé, a la radicule dirigée vers le hile.

V. OFFICINALIS. L. *V. officinale.*

Feuilles toutes pennées, à pennules aiguës et dentées : fleurs rougeâtres en grand corymbe convexe. ♃ Fr.

V. PHU. L. *V. phu.*

Feuilles radicales entières; feuilles supérieures pennées : fleurs en corymbe. ♃ Fr.

V. DIOICA. L. *V. dioïque.*

Fleurs dioïques : feuilles inférieures, pétiolées, ovales; feuilles supérieures ailées, à folioles entières : fleurs d'un blanc rosé, les mâles une fois plus grandes que les femelles. ♃ Fr.

IRIDÉES.

21. CROCUS. T. *SAFRAN.*

Calice pétaloïde, à tube grêle, très-long, à limbe divisé en six lobes dont trois alternes, extérieurs, un peu plus grands, portent les étamines à leur base : ovaire, adhérent, cylindrique, triloculaire, polysperme, à ovules imbriqués du bas en haut sur deux lignes dans chaque loge, le long d'un trophosperme axile : le style se divise supérieurement en trois lanières roulées en cornet, terminées en stigmate crénelé. La capsule est oblongue, trigone, triloculaire, loculiscide, axifrage; elle contient plusieurs graines globuleuses, organisées comme celle des iris.

C. SATIVUS. L.   *S. cultivé.*

Divisions du style, pendantes et plus longues que les étamines : fleurs violâtres, automnales. ♃ Or. Fr.

Obs. Les divisions du style, improprement appelées *stigmates* par plusieurs botanistes, sont les seules parties de cette plante usitées en médecine et dans les arts.

22. GLADIOLUS. T.   *GLAYEUL.*

Calice pétaloïde, tubuleux, à limbe presque bilabié, divisé en six découpures inégales. Capsule ovale, trigone, triloculaire, loculiscide, axifrage : les graines sont arillées, et du reste organisées comme celle des iris.

G. COMMUNIS. L.   *G. commun.*

Feuilles ensiformes, nerveuses : fleurs rouges, en grappe unilatérale: ♃ Fr. mér.

23. IRIS. T.   *IRIS.*

Calice pétaloïde, tubulé, divisé en six découpures étalées, dont trois alternes, intérieures, plus petites : étamines périgynes, insérées vis-à-vis les divisions extérieures du calice : ovaire adhérent ; style simple, divisé supérieurement en trois grandes lanières pétaloïdes, stigmatifères. Capsule coriace, oblongue, trigone, triloculaire, trivalve, loculiscide, axifrage, polysperme : graines globuleuses ou comprimées, attachées sur deux rangs dans chaque loge, à un trophosperme axile, tripartibile; elles sont composées d'une membrane coriace, d'une chalaze, d'un grand endosperme corné, d'un embryon à peu près cylindrique, basilaire, et dont la radicule est dirigée vers le hile.

I. GERMANICA. L. *I. flambe.*

Grandes divisions du calice, barbues : hampes multiflores, plus hautes que les feuilles : fleurs bleuâtres. ♃ Fr.

I. PSEUDOACORUS. L. *I. des marais.*

Calice non barbu : divisions intérieures plus courtes que les stigmates : fleurs jaunes. ♃ Fr.

I. FETIDISSIMA. L. *I. fétide.*

Calice non barbu, à divisions intérieures de la hauteur des stigmates et canaliculées à la base : fleurs d'un violet sale. ♃ Fr.

24. COMMELINA. Pl. *COMMELINE.*

Calice triphylle : corolle tripétale, inégale : trois étamines fertiles, périgynes, placées au côté inférieur de la fleur, et trois autres stériles, placées au côté supérieur : ovaire libre, style et stigmate simples : capsule ovale, biloculaire, comprimée, loculiscide et axifrage, à loge disperme : trophosperme petit, placé au milieu de l'axe : graine arrondie, tronquée, comprimée, chagrinée, plus large que haute, et ayant par conséquent le hile latéral ; elle est endospermique et son embryon, en partie engagé dans l'endosperme, à la radicule saillante dans la cavité du hile.

C. COMMUNIS. L.   *C. commune.*

Tige géniculée, radicante : feuilles ovales, lancéolées, aiguës : pétiole vaginale : fleur bleue, à pétale inférieur, plus petit et sans couleur. ⊙ Am. mér.

§. CYPÉRACÉES.

25. CYPERUS. T.   *SOUCHET.*

Fleurs glumacées, univalves, disposées en épi comprimé, imbriqué sur deux rangs.

C. LONGUS. L.   *S. long.*

Chaume triquètre, garni de feuilles à la base : fleurs en ombelle, munie d'une très-longue collerette : pédoncules nus : épillets alternes, linéaires. ♃ Fr.

26. SCIRPUS. T.   *SCIRPE.*

Fleurs glumacées, univalves, disposées en épi imbriqué de toutes parts : fruit entouré de quelques soies courtes à la base.

S. PALUSTRIS. L.   *S. des marais.*

Chaume nu, cylindrique, terminé par un épi ovale, droit. ♃ Fr.

S. SYLVATICUS. L.   *S. des bois.*

Chaume garni de feuilles : fleur en panicule

ombelliforme, munie de quelques grandes feuilles en collerette. ⚥ Fr.

27. SCHOENUS. L.   *CHOIN.*

Fleurs glumacées, univalves, disposées en épi imbriqué de toutes parts : glumes inférieures stériles. Fruit entouré de quelques soies courtes à la base.

S. NIGRICANS. L.   *C. noirâtre.*

Chaume cylindrique, nu : tête de fleurs ovale, composée de quatre à cinq épillets, qui ont à la base chacun une spathe plus longue qu'eux. ⚥ Fr.

28. ERIOPHORUM. L.   *LINAIGRETTE.*

Fleurs glumacées, univales, disposées en épi imbriqué de toutes parts. Fruit entouré de soies très-longues.

E. LATIFOLIUM. Schrad.   *L. à larges feuilles.*

Feuilles planes à la base et triquètres vers l'extrémité : fleurs terminales en épillets ovales, pédonculés, d'abord droits, ensuite pendans : pédoncules munis d'aspérités. ⚥ Fr.

§. GRAMINÉES.

29. LYGEUM. L.   *SPARTE.*

Involucre spathacé, monophylle, biflore, tenant lieu de lépicène : fleurs glumacées, parallèles, bivalves, appliquées l'une contre l'autre dans toute leur longueur, portées sur un pédicelle commun : valve extérieure, cartilagineuse et très-velue dans sa moitié inférieure, comprimée dans son milieu, et membraneuse dans sa partie supérieure : valve intérieure, grêle, lancéolée, linéaire, une fois plus longue que l'extérieure, et terminée par deux dents : l'ovaire, libre et très-menu, est surmonté d'un long style terminé en stigmate simple.

Par suite d'accroissement, les deux valves extérieures se greffent par leurs bords dans leur moitié inférieure : les deux valves intérieures se greffent aussi entre elles par le dos, et avec les autres par leurs bords, de sorte qu'il en résulte une espèce de péricarpe à deux loges monospermes, très-velu, et couronné par les parties supérieures des valves desséchées.

Obs. Cette greffe extraordinaire, et qui embarrassoit beaucoup les botanistes, a été expliquée par M. le professeur Richard, dans les *Mémoires de la Société d'histoire naturelle de Paris*, t. 1, p. 28.

L. SPARTUM.　　*Sparte usuel.*

Feuilles cylindracées : fleurs terminales. ♃ Esp.

ORDRE II.　　DIGYNIE.

3o. SACCHARUM. L.　　*SUCRE.*

Lépicène bivalve, uniflore, velu en dehors : glume bivalve.

S. OFFICINARUM. L. *S. officinale.*

Chaume ligneux, noueux : panicule terminale.
♃ Ind.

31. PHALARIS. L. *ALPISTE.*

Lépicène bivalve, uniflore : valves égales, carénées, membraneuses sur la carène : glume bivalve, une fois plus courte que la lépicène.

P. CANARIENSIS. L. *A. des Canaries.*

Panicule resserrée en forme d'épi oblong :
glume velue. ⊙ Fr.

32. AGROSTIS. L. *AGROSTIS.*

Lépicène bivalve, uniflore : valves inégales,
aiguës : glume bivalve, un peu moins grande que
la lépicène : valve extérieure nue, ou munie d'une
arête.

A. STOLONIFERA. L. *A. traçant.*

Chaume couché à la base : panicule étalée :
valve extérieure de la lépicène dentée sur la carène : glume dépourvue d'arête. ♃ Fr.

Obs. La panicule de cette espèce et celle de la suivante se contractent ou s'étendent selon l'état de l'atmosphère.

A. CANINA. L. *A. des chiens.*

Chaume couché à la base : panicule étalée·pendant la floraison, resserrée avant et après : valve
extérieure de la glume, munie d'une arête courbe.
♃ Fr.

33. CYNODON. Rich.   *CHIENDENT.*

Lépicène bivalve, contenant une fleur hermaphrodite, bivalve, sessile, et le rudiment d'une
autre fleur pédicellée.

C. DACTYLON. Rich.   *C. usuel.*

Chaume rampant, souterrain : fleurs unilatérales, en épis digités et soyeux à la base. ♃ Fr.

34. DIGITARIA. Hall.   *DIGITAIRE.*

Ce genre, établi autrefois par Haller, négligé
par Linné, rétabli par la plupart des botanistes
modernes, ne diffère du *panicum* que par son inflorescence.

D. SANGUINALIS. Rich.   *D. sanguinale.*

Epis digités, linéaires : gaîne des feuilles
ponctuée. ⊙ Fr.

35. PANICUM. L.   *PANIS.*

Lépicène bivalve, biflore : valves très-inégales :
les deux fleurs sont sessiles ; l'une est hermaphrodite, et a ses deux valves presque égales ; l'autre
est mâle, ou le plus souvent neutre, à deux valves
très-inégales.

Obs. Quand les botanistes cesseront de négliger la
valve intérieure de la fleur neutre du *panicum,* leurs
digitariæ, leurs *syntherismæ* et leurs *paspala* indigènes rentreront naturellement dans ce genre.

P. MILIACEUM. L.   *P. millet.*

Panicule grande, inclinée : gaîne des feuilles velue. ⊙ Fr.

P. ITALICUM. L.   *P. d'Italie.*

Panicule en épi alongé , interrompu : rafle velue : pédicelles munis de quelques soies roides au-dessous des fleurs. ⊙ Fr.

36. STIPA. T.   *STIPA.*

Lépicène bivalve, uniflore : valves presque égales , terminées en pointe capillaire : glume bivalve : valve extérieure, terminée par une très-longue barbe articulée à la base.

S. PENNATA. L.

Feuilles filiformes : barbe des fleurs très-longue, nue à la base, plumeuse dans la partie supérieure. ⚄ Fr.

37. AVENA. T.   *AVOINE.*

Lépicène bivalve, à deux ou plusieurs fleurs, toutes hermaphrodites, ou quelques-unes mâles par avortement : glume bivalve : valve extérieure munie d'une arête géniculée.

* FLEURS TOUTES HERMAPHRODITES.

A. SATIVA. L.   *A. cultivée*

Panicule étalée : lépicène biflore : glume glabre. ⊙ Fr.

Obs. L'arête manque souvent dans cette espèce.

** FLEURS POLYGAMES.

A. FATUA. L.   *A. avron.*

Panicule étalée : lépicène biflore : glume très-velue : valve extérieure terminée par deux longues dents. ⊙ Fr.

A. ELATIOR. L.   *A. fromental.*

Panicule alongée, grêle : lépicène biflore : glume légèrement velue à la base : fleur inférieure mâle, longuement aristée : fleur supérieure, hermaphrodite, nue, ou à peine aristée. ♃ Fr.

38. ARUNDO. T.   *ROSEAU.*

Lépicène multiflore : glume entourée de longues soies à la base.

A. PHRAGMITES. L.   *R. à balais.*

Panicule étalée : lépicène contenant depuis deux jusqu'à six fleurs dépourvues d'arête. ♃ Fr.

A. DONAX. L.   *R. à quenouilles.*

Panicule dense : lépicène triflore : glume de la longueur de la lépicène : chaume sous-ligneux. ♃ Fr.

Obs. Cette belle plante ne fleurit jamais aux environs de Paris.

39. BRIZA. L.   *AMOURETTE.*

Lépicène bivalve, multiflore, formant des épillets ovales en cœur : glume bivalve, obtuse, très-ventrue.

B. MEDIA. **L.** *A. moyenne.*

Panicule droite : épillets étalés, composés de cinq à sept fleurs : lépicène plus courte que les glumes. ♃ Fr.

40. POA. L. *PATURIN.*

Lépicène multiflore, formant des épillets oval-oblongs : glume bivalve, ovale, un peu aiguë, scarieuse sur les bords.

P. BULBOSA. **L.** *P. bulbeux.*

Panicule légèrement étalée : lépicène à quatre ou cinq fleurs : chaume droit, bulbeux à la base. ♃ Fr.

Obs. Les glumes des fleurs supérieures s'alongent souvent en forme de petites feuilles, et font paroître la panicule chevelue ou frisée : alors ces fleurs sont stériles.

P. COMPRESSA. **L.** *P. comprimé.*

Panicule resserrée, presque unilatérale : épillets oblongs, composés de trois à neuf fleurs : chaume comprimé, ascendant. ♃ Fr.

Obs. Certains individus de ces deux espèces offrent des soies laineuses à la base de leurs glumes, et d'autres en paroissent dépourvus.

41. FESTUCA. L. *FÉTUQUE.*

Épillets oblongs : lépicène bivalve, multiflore : glume oblongue : valve extérieure mutique, ou le plus souvent terminée par une barbe : valve intérieure bidentée.

F. FLUITANS. L.   *F. flottant.*

Panicule grêle, très-longue : épillets cylindriques, composés de six à quinze fleurs à valve
extérieure obtuse et scarieuse au sommet. ♃ Fr.

Obs. M. Decandolle a rangé cette espèce parmi les *poa.*

F. OVINA. L.   *F. des brebis.*

Panicule presque unilatérale : épillets de quatre-
à six fleurs dont les valves extérieures se terminent en pointe mousse : chaume droit : feuilles
sétacées. ♃ Fr.

42. BROMUS. L.   *BROME.*

Lépicène bivalve, multiflore : glume lancéolée : valve extérieure munie d'une arête : valve
intérieure tronquée ou à peine échancrée.

B. PINNATUS. L.   *B. penné.*

Épillets alternes, presque sessiles, cylindriques,
pubescens : valve extérieure de la glume, terminée par une barbe ; valve intérieure tronquée.
♃ Fr.

Obs. Cette plante ayant l'arête terminale, ne convient
pas aux bromes, qui l'ont dorsale : elle rentreroit dans les
fétuques, si sa valve intérieure étoit bifide : en attendant
une place, M. Decandolle en fait un blé.

B. MOLLIS. L.   *B. doux.*

Épillets ovales, paniculés, pubescens : valve intérieure de la glume légèrement échancrée. ☉ Fr.

43. LOLIUM. L. — *LOLION.*

Épillets multiflores, alternes, parallèles au chaume ; lépicène univalve ; le chaume faisant la fonction de l'autre valve : glume oblongue, bivalve ; valve extérieure mutique ou aristée.

L. PERENNE. L. *L. vivace.*

Glume mutique. ♃ Fr.

L. TEMULENTUM. L. *L. ivroie.*

Glume aristée. ☉ Fr.

44. TRITICUM. T. *BLÉ.*

Épillets sessiles, imbriqués en épi : lépicène bivalve, multiflore : glume bivalve, ovale ou oblongue ; valve extérieure mutique ou aristée ; valve intérieure bidentée : glumelle ciliée.

T. HYBERNUM. L. *B. d'hiver.*

Lépicène tronquée, à quatre ou cinq fleurs ventrues, lisses, presque mutiques ; la terminale stérile. ☉

T. SPELTA. L. *B. épeautre.*

Lépicène échancrée, triflore : deux fleurs sont hermaphrodites et aristées ; la troisième stérile et mutique. ☉

T. REPENS. L. *B. rampant.*

Épillets subulés, quadriflores : lépicène et glumes barbues. ♃ Fr.

45. SECALE. T.   *SEIGLE.*

Lépicène bivalve, biflore ; valves linéaires : glume bivalve, lancéolée ; valve extérieure terminée par une longue barbe.

S. CEREALE.   *S. cultivé.*

Glume dentée, épi quadrilatère. ⊙ Fr.

46. HORDEUM. T.   *ORGE.*

Lépicène hexaphylle unilatérale, triflore ; valve sétiforme : glume bivalve, lancéolée ; valve extérieure ventrue et terminée par une longue barbe.

H. DISTICHUM. L.   *O. distiche.*

Fleurs latérales stériles et mutiques. ⊙ Fr.

H. VULGARE. L.   *O. commun.*

Toutes les fleurs hermaphrodites et barbues. ⊙ Fr.

CLASSE IV.   TÉTRANDRIE.
ORDRE I.   MONANDRIE.

47. CAMPHOROSMA.   *CAMPHRÉE.*

CALICE campanulé, à moitié divisé en quatre lobes lancéolés, inégaux : corolle nulle : étamines insérées à la base du calice : ovaire libre, ovale, comprimé, surmonté d'un style un peu latéral, divisé en deux grands stigmates, filiformes, hispides. Le calice contient un petit fruit monosperme.

C. MONSPELIACA. L. *C. de Montpellier.*

Feuilles linéaires, velues : fleurs axillaires, sessiles, très-petites sur les jeunes rameaux. ♄ Fr.

48. ALCHIMILLA. T. *ALCHIMILLE.*

Calice tubuleux, presque fermé par une glande; limbe étalé, à huit divisions ovales, dont quatre extérieures plus petites : étamines insérées sur la glande de l'orifice du tube, opposées aux divisions extérieures du limbe : ovaire libre, dressé, ovale, comprimé : style attaché au bas de l'ovaire; stigmate globuleux. Fruit monosperme, enfermé dans le calice.

A. VULGARIS. *A. pied-de-lion.*

Feuilles réniformes, à neuf ou onze lobes finement dentés. Fleurs en corymbe, très-petites et verdâtres.

49. SANGUISORBA. L. *SANGUISORBE.*

Calice tubulé, rétréci et presque fermé à son orifice par une glande; limbe pétaliforme, à quatre divisions ovales, étalées : germe libre, dressé : style latéral, divisé supérieurement en deux branches stigmatiques, filiformes et velues.

Le calice renferme un fruit pyriforme, mono-sperme.

S. OFFICINALIS. L.   *S. officinale.*

Calice fructifère muni de quatre grandes ailes membraneuses. ♃ Fr.

5o. GLOBULARIA. T.   *GLOBULAIRE.*

Fleurs réunies en tête sur un réceptacle garni de paillettes : calice tubuleux, à cinq dents : corolle monopétale, hypogyne, à cinq lobes inégaux : étamines insérées au bas de la corolle : ovaire libre, dressé, surmonté d'un style simple. Le calice contient un fruit oblong, uniloculaire, renfermant une graine renversée, endospermique, dont l'embryon a la radicule supérieure ou dirigée vers le hile.

G. VULGARIS.   *G. vulgaire.*

Feuilles radicales à trois dents, feuilles caulinaires entières. Fleurs bleues en tête terminale. ♃ Fr.

5i. PLANTAGO. T.   *PLANTAIN.*

Calice profondément divisé en quatre parties : corolle monopétale, tubuleuse ; limbe à quatre divisions, étalées : étamines saillantes : ovaire libre, surmonté d'un style atténué en un long stigmate, filiforme, simple et velu. Capsule ovale, s'ouvrant en travers, divisée intérieurement en deux ou quatre compartimens, au moyen d'un réceptacle central à deux ou quatre ailes , et portant dans chaque compartiment une ou plusieurs graines sessiles , chagrinées, endospermiques.

P. major. L.   *P. commun.*

Feuilles radicales, étalées en rosette, ovales , à sept nervures : fleurs en épi droit : trophosperme à quatre angles. ♃ Fr.

P. coronopus. L.   *P. corne de cerf.*

Feuilles radicales , lancéolées , pinnatifides : épi incliné : trophosperme à quatre ailes. ☉ Fr.

P. psyllium. L.   *P. psyllion.*

Tige rameuse : feuilles linéaires , légèrement dentées : fleurs en tête : trophosperme à deux ailes. ☉ Fr.

52. SCOPARIA. L.   *SCOPARIA.*

Calice à quatre divisions profondes : corolle monopétale , rotacée , quadrifide : ovaire libre : style simple. Capsule arrondie, biloculaire , septiscide ; trophosperme axile, couvert d'un grand nombre de graines chagrinées , endospermiques.

S. dulcis. L.   *S. doux.*

Feuilles ternées : fleurs pédonculées. ♄ Am. mér.

53. MELIANTHUS. T.   *MÉLIANTHE.*

Calice grand, coloré, à cinq divisions pro-

fondes , la cinquième inférieure , plus petite , creusée en capuchon nectarifère : cinq pétales ; quatre
sont inférieurs, linguiformes , adhérens entre eux
par les côtés ; le cinquième , supérieur , plus court,
comprimé et incisé sur les côtés : étamines hypogynes, presque didymes ; deux sont inférieures
et unies par la base des filets : ovaire libre , tétragone, a quatre points au sommet entre lesquels
s'élève le style , qui se termine en un stigmate quadrilobé. Capsule vésiculaire , semiquadrifide , à
quatre angles , à quatre loges monospermes , dé-
hiscentes au sommet du côté intérieur : les graines
sont endospermiques , arrondies et luisantes.

M. MAJOR. L.   *M. à grande fleur.*

Feuilles ailées avec impaire : stipules adhérens
au pétiole. ♄.

54. EPIMEDIUM. T.   *ÉPIMÈDE.*

Calice quadriphylle , caduc : quatre pétales
opposés aux divisions du calice : quatre écailles
calcéiformes , couchées sur les pétales : germe
libre , ovale , comprimé , surmonté d'un style
court. Le fruit est alongé en forme de silique uniloculaire , bivalve et polysperme.

E. ALPINUM. L.   *E. des Alpes.*

Tige divisée en trichotomie , portant des feuilles
ovales , triternées , et une panicule latérale de
petites fleurs rouges. ♃ Fr.

55. TRAPA. L.   *MACRE.*

Calice à quatre divisions oblongues, persistantes : quatre pétales oblongs, spatulés, marcescens : ovaire en cône renversé, semi-adhérent,
entouré d'un bourrelet glanduleux, biloculaire, à
loges monospermes et à ovules pendans, surmonté
d'un style à stigmate bicapité. Le fruit est une
noix coriace, indéhiscente, presque rhomboïdale,
à quatre angles, armée de quatre-cornes inégales,
qui sont les divisions calicinales durcies : elle contient une grosse amande renversée à deux cotylédons très-inégaux, et dont la radicule, assez
longue, est dirigée vers un trou placé au sommet
du fruit.

T. NATANS. L.   *M. flottante.*

Feuilles submergées radiciformes, capillaires,
verticillées ; feuilles flottantes rhomboïdales, à
pétiole renflé, vésiculeux : fleurs blanches, axillaires. ⊙ Fr.

56. CORNUS. T.   *CORNOUILLER.*

Calice à quatre dents tombantes : quatre pétales :
ovaire adhérent, arrondi, surmonté d'un style
droit terminé en stigmate capité. Le fruit est
un drupe ovale ou globuleux, biloculaire et disperme ou uniloculaire et monosperme par avortement.

C. MAS. L.   C. commun.

Fleurs en ombelle munie d'une collerette quadriphylle, et se développant avant les feuilles.
♄ Fr.

C. SANGUINEA. L.   C. sanguin.

Fleur en corymbe convexe, dépourvue d'involucre, et se développant avec ou après les
feuilles. ♄ Fr.

57. LINNEA. Gron.   *LINNÉE.*

Calice monophylle, à cinq découpures profondes : corolle monopétale, campanulée, semi-
quinquéfide : étamines insérées au fond de la corolle, et presque didynames : ovaire adhérent,
arrondi : style décliné de la longueur de la corolle, stigmate globuleux. Le fruit est une baie
sèche, ovale, triloculaire à loges dispermes.

L. BOREALIS. L.   L. boréale.

Tige rampante : feuilles opposées ovales, arrondies : rameau florifère dressé, biflore à fleurs
pendantes. ♄ Fr.

58. DIPSACUS. T.   *CARDIAIRE.*

Fleurs disposées sur un phoranthe conique garni
de paillettes, et muni d'une collerette polyphylle ;
chaque fleur a un involucre propre, tétragone ; un
calice adhérent, dont le limbe est à quatre angles ;
une corolle monopétale, tubuleuse, à quatre lobes

inégaux ; un ovaire ovale qui se change en un fruit fusiforme, monosperme, enfermé dans l'involucre propre. Ce fruit contient une graine pendante, endospermique, dont la radicule de l'embryon est supère ou dirigée vers le point d'attache.

D. FULLONUM. L. *C. usuelle.*

Paillettes du réceptacle roides et recourbées en hameçon. ♂ Fr.

59. SCABIOSA. T. *SCABIEUSE.*

Inflorescence comme dans le *dipsacus* : involucre propre anguleux ou strié : calice adhérent, tubulé, à cinq dents : corolle monopétale, tubuleuse, à limbe inégal, quadri ou quinquefide : ovaire ovale, surmonté d'un long style terminé en stigmate concave. Le fruit, enfermé dans l'involucre propre, contient une graine endospermique, pendante, dont la radicule de l'embryon est supère ou dirigée vers le point d'attache.

S. SUCCISA. L. *S. tronquée.*

Phoranthe dénué de poils et garni de paillettes spathulées. ♃ Fr.

S. ARVENSIS. L. *S. des champs.*

Phoranthe poilu et dénué de paillettes. ♃ Fr.

S. ATROPURPUREA. L. *S. des jardins.*

Phoranthe dénué de poils et garni de paillettes lancéolées.

2*

60. ASPERULA. L. ASPÉRULE.

Calice adhérent, à quatre dents : corolle infun-dibuliforme, quadrifide. Fruit sec à deux coques arrondies, monospermes.

A. ODORATA. L. A. odorante.

Feuilles lancéolées, au nombre de sept à huit par verticille : fleurs en corymbe. Fruit velu ♃ Fr.

A. CYNANCHICA. L. A. à l'esquinancie.

Feuilles linéaires ; les inférieures quaternées ; les supérieures opposées. Fruit chagriné. ♃ Fr.

61. GALLIUM. T. CAILLELAIT.

Calice adhérent, à quatre dents à peine visibles : corolle rotacée, à quatre divisions. Fruit à deux coques globuleuses, monospermes.

G. VERUM. C. jaune.

Tige velue : feuilles linéaires, disposées en verticille, huit par huit : fleurs jaunes. Fruit glabre. ♃ Fr.

G. MOLLUGO. L. C. blanc.

Feuilles obovales, lancéolées, luisantes, le plus souvent au nombre de huit à chaque verticille : fleurs blanches. Fruit glabre. ♃ Fr.

G. BOREALE. L. C. boréal.

Feuilles quaternées, lancéolées, glabres, à trois

nervures : tige droite : fleur blanche. Fruit poilu.
♃ Fr.

G. APARINE. L. *C. aparine.*

Feuilles lancéolées, verticillées, au nombre de
six, huit, dix sur les tiges, et seulement opposées
sur les rameaux, munies, ainsi que les tiges, de poils
crochus dirigés en arrière : fleurs blanches. Fruit
hérissé de poils recourbés en hameçon. ☉ Fr.

62. RUBIA. T. *GARANCE.*

Calice adhérent, à quatre dents : corolle monopétale, campaniforme. Le fruit, au lieu d'être
sec comme dans le *gallium*, est charnu, mais il a
la même structure.

R. TINCTORIA. L. *G. des teinturiers.*

Feuilles lancéolées, quaternées : fleurs blanches.
Fruit noir. ♃ Fr.

63. ELÆAGNUS. L. *CHALEF.*

Calice adhérent, quadrifide, campanulé, coloré
en dedans : étamines alternes avec les divisions du
calice. Le fruit est un drupe monosperme.

E. ANGUSTIFOLIUS. L. *C. à feuilles étroites.*

Feuilles lancéolées, soyeuses. Fleurs axillaires.
♄ Or.

ORDRE II. DIGYNIE.

64. HAMAMELIS. L. *HAMAMELIS.*

Calice quadrifide, adhérent : quatre pétales linéaires, très-longs, munis sur l'onglet d'une écaille tronquée. Le fruit est une capsule semi-adhérente, biloculaire, bicorne, bivalve, à valve bifide et à loges monospermes.

H. VIRGINIANA. L.   *H. de Virginie.*

Feuilles alternes, ovales, dentées, stipulées : fleurs axillaires, groupées trois à trois dans un petit involucre triphylle. ♄ Am. sept.

65. CUSCUTA. T.   *CUSCUTE.*

Calice tubuleux, quadrifide : corolle monopétale, à limbe quadrifide : quatre écailles opposées à la base des filets des étamines : ovaire libre, surmonté de deux styles courts. Capsule arrondie, presque entièrement enveloppée par le calice, biloculaire, s'ouvrant en travers, et contenant dans chaque loge deux graines, composées d'un endosperme central et d'un embryon filiforme, roulé en spirale, et dénué de cotylédon.

C. EUROPÆA. L.   *C. d'Europe.*

Tige filiforme, volubile, sans feuilles : fleurs petites, d'un blanc sale, ramassées en têtes. ☉ Fr.

Obs. On a cru reconnoître deux espèces dans la cuscute d'Europe : l'une est appelée *major*, et l'autre *minor*, par quelques botanistes et par l'auteur de la *Flore françoise.*

CLASSE V. PENTANDRIE.
ORDRE I. MONOGYNIE.

66. NICTAGO. Jus. *NICTAGE.*

CALICE ventru, à cinq divisions : corolle (calice intérieur, Jus.) infundibuliforme, insérée sur un urcéole globuleux, coriace : étamines hypogynes, monadelphes à la base au moyen d'un disque annulaire entourant l'ovaire qui est libre dans ce disque, et surmonté d'un style simple, terminé en un stigmate papilleux. Le fruit est ovale, tronqué, composé de l'urcéole corollifère grandi, du péricarpe propre, et d'une seule graine dressée, endospermique, dont l'embryon périphérique a la radicule et le sommet des cotylédons dirigés vers l'ombilic.

N. HORTENSIS. Rich. *N. belle de nuit.*

Tige dichotome : feuilles ovales en cœur, glabres. Fleurs droites terminales. ♃ Ind.

67. PLUMBAGO. T. *DENTELAIRE.*

Calice tubuleux à cinq dents : corolle monopétale, hypocratériforme, à cinq divisions ovales : étamines hypogynes. Filets élargis à la base et formant un disque annulaire autour de l'ovaire qui est libre, et se change en une capsule oblongue, à cinq valves, uniloculaire et monosperme; la graine est renversée et pendante au sommet d'un podosperme filamenteux qui part du bas du fruit; elle est endospermique, et la radicule de son embryon est dirigée vers le hile.

P. EUROPÆA. L.   *D. d'Europe.*

Feuilles amplexicaules, lancéolées, ondulées et finement dentées. ♃ Eur.

§. LES NEUF GENRES SUIVANS APPARTIENNENT A LA FAMILLE DES BORRAGINÉES.

68. CERINTHE. T.   *MÉLINET.*

Calice à cinq divisions : corolle monopétale, tubuleuse, à gorge nue : l'ovaire se change en deux petits fruits presque osseux, biloculaires, et contenant chacun deux graines.

C. MAJOR. L.   *M. à grande fleur.*

Feuilles amplexicaules, cordiformes. ♃ Eur.

69. ECHIUM. T.   *VIPÉRINE.*

Corolle irrégulière à gorge nue.

E. VULGARE. L.   *V. commune.*

Poils de la tige portés sur des tubercules : fleurs bleues en épis unilatéraux. ♂ Fr.

70. PULMONARIA. T. *PULMONAIRE.*

Calice pentagone, à cinq divisions : corolle infundibuliforme à gorge nue.

P. OFFICINALIS. L. *P. officinale.*

Feuilles radicales lancéolées, ovales, ordinairement maculées. ♃ Fr.

P. SIBIRICA. L. *P. de Sibérie.*

Feuilles glabres ; les radicales en cœur ; les caulinaires ovales. ♃ Sib.

71. LITHOSPERMUM. T. *GRÉMIL.*

Calice profondément divisé en cinq parties : corolle infundibuliforme à cinq lobes et à gorge nue. Fruits lisses ou chagrinés.

L. OFFICINALE. L. *G. officinal.*

Fruit lisse et luisant. Feuilles lancéolées. ♃ Fr.

72. HELIOTROPIUM. L. *HÉLIOTROPE.*

Calice tubuleux à cinq dents : corolle hypocratériforme, à cinq divisions obtuses entre lesquelles se trouvent cinq petites dents aiguës.

H. EUROPÆUM. L. *H. d'Europe.*

Feuilles ovales, entières, cotonneuses, rugueuses. Épis conjugués. ⊙ Fr.

73. ANCHUSA. L. *BUGLOSE.*

Calice quinquefide : corolle infundibuliforme,

à cinq lobes étalés : gorge fermée par cinq appendices convergens.

A. OFFICINALIS. L.   B. officinale.

Feuilles lancéolées : fleurs bleues en épi imbriqué, unilatéral. ♃ Fr.

A. TINCTORIA. L.   B. orcanette.

Tige cotonneuse, couchée : feuilles lancéolées, obtuses. Fleurs bleues ou violettes. ♃ F.

Obs. On appelle plus communément *orcanette* le *lithospermum tinctorium* de M. Decandolle.

74. SYMPHYTUM. T.   *CONSOUDE.*

Calice quinquefide : corolle tubuleuse, à limbe ventru non évasé ; gorge fermée par cinq appendices en alène rapprochés en cône.

S. OFFICINALE. L.   C. officinale.

Feuilles ovales, lancéolées, décurrentes. Fleurs jaunâtres ou rougeâtres en épis lâches, unilatéraux. ♃ Fr.

75. BORRAGO. T.   *BOURRACHE.*

Corolle en roue ; gorge fermée par cinq appendices échancrés et par les étamines, dont les filets sont surmontés d'une corne placée derrière l'anthère.

B. OFFICINALIS. L.   B. officinale.

Feuilles toutes alternes : calice étalé. Fleurs d'un bleu d'azur, solitaires, axillaires et extraaxillaires. ☉ Fr.

76. CYNOGLOSSUM. T. CYNOGLOSSE.

Calice à cinq divisions profondes : corolle infundibuliforme, à gorge fermée par cinq appendices connivens. Fruits déprimés, attachés par le côté.

C. OFFICINALE. L. C. officinale.

Feuilles lancéolées, épis unilatéraux. Fruits hérissés de pointes. ♃ Fr.

77. CONVOLVULUS. T. LISERON.

Corolle campanulée, plissée : étamines inégales : ovaire quadriloculaire, à loges dispermes, entouré d'un bourrelet hypogyne, surmonté d'un style divisé en deux lames stigmatiques. Le fruit est une capsule arrondie à deux ou quatre loges mono ou dispermes, septiscide : les graines attachées au bas de l'axe du fruit sont dressées, endospermiques ; leur embryon a les cotylédons foliacés, très-plissés et la radicule infère.

C. SEPIUM. L. L. des haies.

Tige volubile et grimpante : feuilles en cœur, à lobes tronqués postérieurement. Fleurs grandes, blanches, ayant le pédoncule garni de deux bractées plus grandes que le calice. ♃ Fr.

C. SOLDANELLA. L. L. soldanelle.

Tige grêle, couchée sur terre : feuilles réniformes. Fleurs purpurines. ♃ Fr.

C. BATATAS. L.   *L. patate.*

Tige rampante : feuilles en cœur : pétiole glanduleux au sommet. Pédoncules axillaires, multiflores, plus longs que les feuilles. ♃ Am. mér.

Obs. Le stigmate bicapité de cette plante la reporte
parmi les *ipomœa :* ses feuilles se découpent quelquefois
en trois ou cinq lobes lancéolés.

78. DATURA. L.   *DATURA.*

Calice tubuleux, ventru, à cinq divisions, se
rompant circulairement un peu au-dessus de la
base, qui devient persistante : corolle infundibuliforme, plissée, à cinq angles aigus : étamines
inégales : ovaire libre, entouré d'un bourrelet glanduleux à la base : capsule hérissée ou lisse, à
quatre loges, à quatre valves septiscides ; trophosperme axile, saillant dans les loges, et couvert de graines nombreuses, chagrinées.

D. STRAMONIUM. L.   *D. stramoine.*

Fruits droits, hérissés de pointes. Fleurs blanches ou violâtres. ⊙ Fr.

D. FASTUOSA. L.   *D. violet.*

Fruit penché, tuberculeux. Fleur violette, souvent triple. ⊙ Ægyp.

79. HYOSCIAMUS. T.   *JUSQUIAME.*

Calice tubuleux, quinquefide : corolle tubuleuse, à limbe quinquefide inégal : étamines in-

clinées. Capsule biloculaire, fermée par un opercule qui se détache circulairement.

H. NIGER. L. *J. noire.*

Feuilles amplexicaules sinuées. Fleurs sessiles
unilatérales. ⊙ Fr.

80. NICOTIANA. T. *NICOTIANE.*

Calice urcéolé, quinquefide : corolle tubuleuse,
à limbe régulier, quinquefide : étamines inclinées.
Capsule biloculaire, polysperme.

N. TABACUM. L. *N. tabac.*

Étamines saillantes. Capsule septifrage. ⊙ Am.
mér.

N. RUSTICA. L. *N. rustique.*

Étamines non saillantes. Capsule septiscide.
⊙ Am. mér.

81. VERBASCUM. T. *MOLÈNE.*

Corolle en roue un peu irrégulière : étamines
inégales, inclinées, barbues à la base. Capsule
biloculaire, bivalve, septifrage ; trophosperme,
axile, couvert d'une grande quantité de petites
graines endospermiques qui ont la radicule de
l'embryon dirigée vers le hile.

V. THAPSUS. L. *M. usuelle.*

Tige droite, simple : feuilles décurrentes, dra-
pées des deux côtés. Fleurs en long épi, dense,
terminal. ♂ Fr.

V. NIGRUM. L.   *M. noire.*

Tige droite, rameuse : feuilles pétiolées, oblongues, rugueuses, crénelées, un peu cotonneuses.
Fleurs en épis terminaux. ♂ Fr.

V. BLATTARIA. L.   *M. blattaire.*

Tige droite, simple ou rameuse, glabre ainsi
que les feuilles, dont les radicales sont sinuées,
les supérieures amplexicaules, sessiles et oblongues. Fleurs en grappe simple, droite, terminale. ♂ Fr.

82. PHYSALIS. L.   *COQUERET.*

Corolle presque rotacée : étamines conniventes.
Baie biloculaire, renfermée dans le calice devenu
vésiculeux.

P. ALKEKENGI. L.   *C. alkekenge.*

Tige rameuse : feuilles géminées, inégales. Fruit
rouge. ♃ Fr.

83. CAPSICUM. T.   *PIMENT.*

Corolle rotacée. Baie sèche à deux ou trois loges.

C. ANNUUM. L.   *P. annuel.*

Fleurs solitaires : fruit allongé en silique et pendant. ⊙ Am. mér.

C. BACCATUM. L.   *P. baccifère.*

Fleurs solitaires ou géminées : fruit ovale dressé.
♄ Ind.

84. SOLANUM. T.   *MORELLE.*

Corolle rotacée : anthères conniventes, percées de deux trous au sommet : baie à deux loges.

S. NIGRUM. L.   *M. noire.*

Tige anguleuse, diffuse : feuilles ovales, bordées d'angles ou de grandes dents : grappe ombellée et penchée. ☉ Fr.

S. MELONGENA. L.   *M. mélongène.*

Tige droite, souvent épineuse ainsi que les calices : feuilles ovales, cotonneuses, anguleuses : fruit oviforme, pendant, blanc ou violet. ☉ Am. mér.

S. TUBEROSUM. L.   *M. pomme de terre.*

Tige anguleuse : feuilles ailées, à folioles entières, inégales : fleurs en grappe ombellée. ♃ Per.

S. LICOPERSICON. L.   *M. tomate.*

Tige striée, velue : feuilles ailées, à folioles pinnatifides avec interruption : fruit toruleux. ☉ Am. mér.

S. DULCAMARA. L.   *M. douce-amère.*

Tige sarmenteuse : feuilles inférieures oval-oblongues ; feuilles supérieures hastées et pinnatifides. ♄ Fr.

85. ATROPA. L.   *ATROPA.*

Corolle campanulée : étamines distantes : baie à deux loges.

A. BELLADONA. L. *A. belladone.*

Tige ascendante, rameuse: feuilles ovales. ♄ Fr.

86. MANDRAGORA. T. *MANDRAGORE.*

Corolle campanulée : étamines conniventes : baie à deux loges.

M. OFFICINALIS. Mil. *M. officinale.*

Tige nulle : feuilles oblongues, ondulées, étendues en rond ; il s'élève de leur centre plusieurs pédoncules simples ; portant chacun une fleur violâtre, à laquelle succède un fruit rond et gros comme une pomme. ♃ Fr.

87. PRIMULA. L. *PRIMEVÈRE.*

Calice tubuleux à cinq dents : corolle tubuleuse, à limbe étalé, divisé en cinq lobes échancrés. Capsule ovale, uniloculaire, s'ouvrant en dix dents au sommet ; elle contient un grand nombre de graines attachées à un trophosperme central.

P. OFFICINALIS. L. *P. officinale.*

Feuilles radicales, dentées, rugueuses : fleurs en ombelle : calice presque aussi long que le tube de la corolle. ♃ Fr.

P. AURICULA. L. *P. oreille-d'ours.*

Feuilles radicales, dentées, glabres : calice beaucoup plus court que le tube de la corolle. ♃ Fr.

88. CORIS. L.   *CORIS.*

Calice monophylle, ventru, à cinq dents, et muni à l'extérieur vers le haut de cinq épines dentées à la base : corolle monopétale, tubuleuse, à limbe plane, divisé en cinq lobes inégaux : étamines inclinées. Capsule à cinq valves. Trophosperme central couvert d'un grand nombre de petites graines.

C. MONSPELIENSIS. L.   *C. de Montpellier.*

Tige très-rameuse : feuilles linéaires, alternes : fleurs en grappe terminale, rouges ou d'un pourpre bleuâtre. ♃ Fr.

89. CICLAMEN. L.   *CICLAMEN.*

Corolle tubuleuse, à cinq grandes divisions rejetées en arrière : anthères conniventes : capsule charnue, globuleuse, à cinq valves.

C. EUROPÆUM. L.   *C. d'Europe.*

Feuilles radicales en cœur, anguleuses, maculées en dessus, rougeâtres en dessous : pédoncule roulé en spirale après la floraison : fleur inclinée, d'un violet clair. ♃ Fr.

90. ANAGALLIS. T.   *MOURON.*

Corolle rotacée : capsule uniloculaire, polysperme, s'ouvrant circulairement en travers.

A. ARVENSIS, L. *M. des champs.*

Tige rameuse et couchée : feuilles indivises,
opposées et ternées : fleur rouge ou bleue, très-
rarement rose. ⊙ Fr.

Obs. Plusieurs botanistes reconnoissent une espèce
dans le mouron à fleur rouge, et une autre dans celui à
fleur bleue.

91. LYSIMACHIA. T.   *LYSIMACHIE.*

Corolle rotacée : capsule uniloculaire, à cinq
valves bifides.

L. VULGARIS. L.   *L. commune.*

Tige droite, divisée supérieurement en grappes
paniculées : fleurs jaunes. ♃ Fr.

L. NUMULARIA. L.   *L. numulaire.*

Tige rampante : feuilles en cœur arrondi : fleurs
jaunes, solitaires, axillaires. ♃ Fr.

92. MENYANTHES. T.   *MENYANTHE.*

Corolle infundibuliforme, velue en dedans :
capsule pisiforme, bivalve, uniloculaire : graines
presque globuleuses, attachées au milieu de chaque
valve.

M. TRIFOLIATA. L.   *M. trèfle d'eau.*

Feuilles ternées : fleurs blanches en grappe
simple. ♃ Fr.

93. VILLARSIA. Gmel. *VILLARSIE*.

Corolle rotacée, à cinq divisions ciliées sur les bords : capsule ovale, lancéolée, comprimée, coriace, uniloculaire, bivalve : graines nombreuses, très-comprimées, entourées d'une membrane dentée, pendantes, imbriquées du haut en bas et attachées aux deux sutures de la capsule; elles sont endospermiques, et leur embryon filiforme a la radicule dirigée vers le hile.

V. NYMPHOÏDES. Vent. *V. nymphoïde*.

Feuilles en cœur, arrondies, flottantes : fleurs jaunes en ombelle. ♃ Fr.

94. GENTIANA. T. *GENTIANE*.

Calice à cinq divisions : corolle en roue ou en cloche de quatre à huit divisions : deux stigmates : capsule uniloculaire, bivalve : graines attachées aux valves.

G. LUTEA. L. *G. jaune*.

Tige droite : feuilles ovales, nerveuses : fleurs jaunes, verticillées vers le sommet de la tige : la corolle est rotacée et varie de cinq à huit divisions. ♃ Fr.

G. CRUCIATA. L. *G. croisette*.

Feuilles sessiles, croisées : fleurs bleues, quadrifides, verticillées. ♃ Fr.

3

95. ERITHRÆA. Rich. *ÉRITHRÉE*.

Calice à cinq divisions : corolle hypocratériforme, à cinq divisions : capsule oblongue, uniloculaire, bivalve, à valves rentrantes et soudées par les bords, à deux trophospermes longitudinaux portant une très-grande quantité de petites graines.

E. CENTAURIUM. Rich. *E. petite centaurée.*

Tige droite, dichotome : feuilles oblongues, à trois nervures : fleurs d'un beau rouge, sessiles, et formant une espèce de corymbe terminal. ⊙ Fr.

96. SPIGELIA. L. *SPIGÉLIE.*

Calice à cinq divisions : corolle infundibuliforme, à cinq divisions égales : ovaire bilobé, libre, surmonté d'un style simple : la capsule est didyme, biloculaire, à quatre valves; elle contient des graines nombreuses et très-petites.

S. MARYLANDICA. L. *S. du Maryland.*

Tige tétragone, droite : feuilles oblongues, opposées: fleurs rouges, terminales, en épis courts, unilatéraux. ♃ Mar.

97. VINCA. L. *PERVENCHE.*

Calice à cinq divisions : corolle hypocratériforme, à gorge pentagone : stigmate urcéolé, soutenu par un plateau orbiculaire : l'ovaire se change en deux follicules droites , dont les graines sont endospermiques et dépourvues d'aigrette.

V. MINOR. L. *Petite pervenche.*

Tige tombante : feuilles lancéolées, ovales : fleurs bleues , pédonculées. ♃ Fr.

98. NERIUM. T. *NÉRION.*

Calice à cinq divisions : corolle infundibuliforme , munie à la gorge de cinq appendices bifides ou frangés : anthères conniventes : follicules droites, contenant des graines oblongues, imbriquées du haut en bas , attachées par la face extérieure à un trophosperme sutural et surmontées d'une longue aigrette soyeuse.

N. OLEANDER. L. *N. laurier-rose.*

Feuilles lancéolées, opposées et ternées : fleurs terminales. ♄ Fr.

99. APOCINUM. T. *APOCIN.*

Calice quinquefide : corolle campanulée, à cinq divisions roulées en dehors : anthères conniventes : cinq corps glanduleux entourant l'ovaire qui se change en deux follicules remplies de graines aigrettées.

A. CANNABINUM. L. *A. à fleurs vertes.*

Tige droite : feuilles oblongues : fleurs blanches, petites , en panicule terminal. ♃ Am. sept.

100. PERIPLOCA. T.   *PÉRIPLOQUE.*

Calice petit, quinquefide : corolle étoilée, munie à la gorge d'une couronne à dix divisions, dont cinq petites, opposées aux découpures de la corolle, et cinq alternes filiformes, beaucoup plus longues : l'ovaire se change en deux follicules à graines aigrettées.

P. GRÆCA. L.   *P. grecque.*

Tige volubile : feuilles ovales : fleurs terminales, velues en dedans. ♄ Or.

101. CYNANCHUM. L.   *CYNANCHE.*

Calice à cinq dents : corolle étoilée, munie d'une couronne dentée à la gorge : follicules à graines aigrettées.

C. VINCETOXYCUM. Rich.   *C. dompte-venin.*

Feuilles ovales, barbues à la base : tige droite : ombelle terminale. ⚥ Fr.

C. ERECTUM. L.   *C. dressé.*

Tige sarmenteuse et volubile : feuilles en cœur, glabres. ♄ Or.

C. ACUTUM. L.   *C. scammonée à feuilles aiguës.*

Tige volubile : feuilles en cœur oblong, glabres. ⚥ Eur.

102. ASCLEPIAS. T.   *ASCLEPIAS.*

Calice quinquefide : corolle à cinq divisions,

munie à la gorge de cinq cornets faisant corps avec le stigmate, et desquels sortent cinq cornes. Le fruit est deux follicules à graines aigrettées.

Obs. Les plus habiles botanistes se sont occupés de la nature et des fonctions des parties considérées comme les organes sexuels dans l'*asclépias*, et leurs opinions ne se sont pas encore unanimement accordées jusqu'à ce jour.

A. SYRIACA. L. *A. à la ouate.*

Tige droite, simple : feuilles ovales, cotonneuses en dessous : fleurs en ombelle penchée. ♃ Fr.

103. CAMPANULA. T. *CAMPANULE.*

Calice adhérent, à cinq divisions : corolle monopétale, campanulée, quinquefide, marcescente, insérée au calice : filets des étamines élargis et rapprochés à la base : ovaire semi-infère : stigmate simple ou trifide : capsule couronnée par les dents calicinales, triloculaire, à loges qui s'ouvrent par un petit trou à la base : les graines sont nombreuses, attachées à un trophosperme axile et saillant dans chaque loge.

C. ROTUNDIFOLIA. L. *C. à feuilles rondes.*

Tige couchée à la base : feuilles inférieures en cœur arrondi : feuilles supérieures lancéolées et linéaires : fleur bleue, inclinée. ♃ Fr.

C. RAPUNCULUS. L. *C. raiponce.*

Tige droite, anguleuse : feuilles ovales, lancéo-

lées, ondulées : fleur bleuâtre, en panicule resserrée. ♂ Fr.

104. COFFEA. L.   *CAFÉ.*

Calice adhérent, à cinq dents : corolle infundibuliforme, à cinq divisions lancéolées : baie légèrement bilobée, charnue, biloculaire, à loge monosperme, revêtue intérieurement d'une paroi coriace accompagnant la graine qui est endospermique, et dont la radicule de l'embryon est dirigée
vers le hile.

C. ARABICA. L.   *C. d'Arabie.*

Tige droite : feuilles oblongues, lancéolées :
fleurs blanches, axillaires : fruit cérasiforme.
ħ Am. mér.

105. XYLOSTEUM. T.   *XYLOSTE.*

Fleurs géminées : calice adhérent, à cinq dents :
corolle infundibuliforme ou campanulée, à cinq
lobes : ou les deux ovaires se soudent et forment
ensemble une baie biloculaire à loges polyspermes,
ou ils restent libres et constituent chacun une baie
uniloculaire, polysperme ; les graines sont comprimées, endospermiques, et la radicule de leur
embryon est dirigée vers le hile.

X. VULGARE. Rich.   *X. commun.*

Feuilles pubescentes : baies distinctes. ħ Fr.

X. ALPIGENUM. Rich.   *X. des Alpes.*

Feuilles glabres : baies réunies. ħ Fr.

106. CAPRIFOLIUM. T.
CHEVRE-FEUILLE.

Fleurs aggrégées : calice très-petit, adhérent : corolle tubuleuse, irrégulière, à limbe presque bilabié, ayant une division supérieure lancéolée, distante, et quatre autres inférieures peu divisées : l'ovaire, triloculaire et polysperme, se change en une baie globuleuse, couronnée et charnue.

C. PERICLIMENUM. Rich. *C. des bois.*

Fleurs en têtes terminales : feuilles distinctes. ♄ Fr.

C. SEMPERVIRENS. *C. toujours vert.*

Fleurs en têtes terminales : feuilles supérieures conjointes. ♄ Eur.

107. ZIZIPHUS. T. *JUJUBIER.*

Calice étalé, à cinq divisions : cinq pétales insérés à un disque glanduleux tapissant le fond du calice : étamines opposées aux pétales : ovaire libre, entouré d'un bourrelet à la base. Le fruit, ovale et charnu, contient un noyau biloculaire à loges dispermes.

Z. SATIVUS. Rich. *J. cultivé.*

Aiguillons géminés ; l'un droit, l'autre crochu. ♄ Fr.

108. RHAMNUS. T. *NERPRUN.*

Calice urcéolé, à quatre ou cinq divisions : quatre

ou cinq pétales : quatre ou cinq étamines opposées aux pétales : le fruit, globuleux et charnu, contient de deux à quatre petits noyaux monospermes, plus ou moins osseux.

R. CATHARTICUS. L.   *N. cathartique.*

Tige droite : rameaux épineux : fleurs quadrifides, dioïques : feuilles en cœur, ovales, finement dentées. ♄ Fr.

R. INFECTORIUS. L.   *N. graine d'Avignon.*

Tige tombante : rameaux épineux : fleurs quadrifides, dioïques : feuilles ovales, velues en dessous. ♄ Fr.

R. FRANGULA. L.   *N. bourgène.*

Tige droite : feuilles ovales entières : fleurs quinquefides, hermaphrodites. ♄ Fr.

109. EVONYMUS. T.   *FUSAIN.*

Calice à quatre ou cinq divisions, tapissé d'un disque glanduleux : quatre ou cinq pétales : quatre ou cinq étamines insérées au disque : capsule à quatre ou cinq loges, quatre ou cinq lobes, loculiscide, à loges monospermes : les graines, attachées vers le milieu de l'axe commun, sont revêtues d'une arille ou membrane charnue, colorée, sont endospermiques, et ont la radicule de l'embryon dirigée vers le hile qui est semi-circulaire.

E. EUROPÆUS. T.   *F. d'Europe.*

Fleur le plus souvent tétrandre : pédoncules comprimés, multiflores : feuilles glabres. ♄ Fr.

110. CEANOTHUS, T. *CÉANOTHE.*

Calice urcéolé, à cinq divisions : cinq pétales longuement onguiculés : étamines opposées aux pétales, et insérées au dessous : le fruit est une capsule à trois ou quatre coques monospermes; la graine est droite, attachée au bas de la coque, et son embryon a la radicule dirigée vers le hile.

C. AMERICANA. L. *C. d'Amérique.*

Tige droite, rameuse : feuilles alternes, ovales, dentées en scie, à trois nervures : fleurs blanches en grappe terminale. ♄ Virg.

111. AMPELOPSIS. Mich. *AMPÉLOPSE.*

Calice à cinq dents : cinq pétales oblongs étalés : l'ovaire libre, entouré d'une glande à la base, se change en une baie globuleuse, biloculaire, à loges dispermes.

A. QUINQUEFOLIA. Mich. *A. vigne-vierge.*

Feuilles digitées. ♄ Can.

112. VITIS. T. *VIGNE.*

Calice à cinq dents : cinq pétales soudés en capuchon par le haut, et se détachant par le bas : le reste comme dans le genre précédent.

V. VINIFERA. L. *V. vinifère.*

Feuilles lobées. ♄ Fr.

113. RIBES. L.   *GROSEILLER.*

Calice adhérent, à cinq divisions : cinq pétales insérés à l'orifice du calice, et alternes avec ses divisions : style bifide : le fruit est une baie succulente, ombiliquée, et dont la paroi interne est munie de deux trophospermes longitudinaux opposés, auxquels sont attachées plusieurs graines ovales, oblongues, endospermiques.

R. RUBRUM. L.   *G. à fruit rouge.*

Tige sans épines : fleurs presque planes : grappes pendantes, glabres. ♄ Fr.

R. NIGRUM. L.   *G. cassis.*

Tige sans épines : fleurs oblongues : grappes pendantes, velues. ♄ Eur.

R. UVACRISPA. L.   *G. à maquereaux.*

Rameaux épineux : fleurs solitaires ou géminées. ♄ Fr.

114. HEDERA. T.   *LIERRE.*

Calice adhérent, à cinq dents : cinq pétales : baie globuleuse, à cinq loges monospermes.

H. HELIX. L.   *L. grimpant.*

Feuilles ovales, en cœur et lobées. ♄ Fr.

ORDRE II. DIGYNIE.

OMBELLIFÈRES.

N. B. En exposant les caractères génériques des ombellifères, je dirai souvent, avec les botanistes, que les pétales de ces plantes sont en cœur ou échancrés, parce qu'en effet ils paraissent ainsi ; mais on sait que c'est une espèce de bride qui retient leur sommet rabattu en dedans, tandis que les côtés, s'étendant librement, simulent plus ou moins les lobes d'un cœur.

§. LES TRENTE-CINQ GENRES SUIVANS APPARTIENNENT A LA FAMILLE NATURELLE DES OMBELLIFÈRES.

115. ÆGOPODIUM. L. *ÆGOPODE.*

Calice entier : pétales irégaux, cordiformes : fruit ovale oblong, marqué sur chaque face de trois ou cinq côtes : involucre et involucelles nuls.

Æ. PODAGRARIA. L. ○ *Æ. podagraire.*

Tige droite, un peu rameuse : feuilles inférieures triternées ; feuilles supérieures ternées : fleur blanche. ♃ Fr.

116. PIMPINELLA. L. *BOUCAGE.*

Calice entier : pétales en cœur presque égaux : fruit ovale, oblong, strié, involucre et involucelles nuls.

P. ANISUM. L.   *B. anis.*

Feuilles radicales trifides et incisées. ⊙ Ægyp.

Obs. Cette plante offre quelquefois un rudiment d'involucelle.

117. CARUM. L.   *CARVI.*

Calice entier : pétales carénés, échancrés : fruit
oblong, strié : involucelle monophylle.

C. CARVI. L.   *C. cultivé.*

Tige droite : feuilles bipennées, à folioles pennatifides ; les inférieures lancéolées ; les supérieures linéaires. ♂ Eur.

118. ANETHUM. T.   *ANET.*

Calice entier : pétales entiers, roulés en dedans :
fruit strié, ovale oblong, involucre et involucelle
nuls.

A. GRAVEOLEUS. L.   *A. usuel.*

Fruit comprimé. ⊙ Ægyp.

A. FÆNICULUM. L.   *A. fenouil.*

Tige droite : feuilles décomposées, à folioles
capillaires : fleur jaune : fruit oblong, profondément strié. ♃ Fr.

119. CUMINUM. Bauh.

Calice entier : pétales échancrés presque égaux :
fruit ovale, couronné par le calice, marqué de

quatre stries sur chaque côté; involucre et involucelle ordinairement de quatre folioles.

C. CYMINUM. L.   *C. cultivé.*

Tige droite : découpures des feuilles linéaires.
⊙ Esp.

120. APIUM. L.   *ACHE.*

Calice entier : pétales égaux, à sommet réfléchi
en dedans : fruit ovoïde ou globuleux, marqué de
cinq petites stries sur chaque côté : involucre nul
ou composé d'une à trois petites folioles.

A. PETROSELINUM. L.   *A. persil.*

Folioles caulinaires linéaires : ombelles pédonculées. ♂ Fr.

A. GRAVEOLENS. L.   *A. céleri.*

Folioles caulinaires cunéiformes : la plupart des
ombelles sessiles. ♂ Fr.

121. SMYRNIUM. T.   *MACERON.*

Calice entier : pétales presque égaux, aigus, carénés, à pointe recourbée en dedans : fruit ovale
ou globuleux, à peine strié; involucre et involucelles polyphylles très-courts.

S. OLUSATRUM. T.   *M. olusâtre.*

Tige droite : feuilles radicales triternées; feuilles
caulinaires ternées, à folioles obovales, dentées.
♃ Fr.

122. PASTINACA. T. — *PANAIS.*

Calice entier : pétales entiers roulés en dedans : fruit comprimé, elliptique : rudiment d'involucre et d'involucelles.

P. SATIVA. L.   *P. cultivé.*

Feuilles ailées, à folioles oblongues inégalement dentées. ♂ Fr.

P. OPOPANAX. L.   *P. Opopanace.*

Feuilles deux fois ailées, à folioles également et très-finement dentées. ♃ Fr.

123. CORIANDRUM. T. *CORIANDRE.*

Calice à cinq dents. Pétales cordiformes, égaux dans le disque, inégaux et plus grands à la circonférence : fruit sphérique ou didyme ; involucre nul ou monophylle ; involucelles polyphylles.

C. SATIVUM. L.   *C. usuelle.*

Fleurs centrales stériles : fruit globuleux. ☉ Fr.

124. ÆTHUSA. L. *ÆTHUSE.*

Calice entier : pétales cordiformes, inégaux : fruit ovale ou arrondi, strié : involucre nul ; involucelle polyphylle.

Æ. CYNAPIUM. L.   *Æ. petite ciguë.*

Feuilles deux ou trois fois ailées, à folioles pennatifides. ☉ Fr.

125. MEUM. T.   MEON.

Calice entier : pétales en cœur, presque égaux : fruit oblong, marqué de trois côtes saillantes sur chaque côté; involucre nul; involucelle polyphylle.

M. Vulgare. Rich.   *M. fenouil des Alpes.*

Feuilles multifides, à découpures sétacées : fleurs centrales stériles. ♃ Eur.

126. MYRRHIS. T.   *MYRRHIS.*

Calice entier : pétales inégaux, échancrés : fruit très-allongé, marqué de cinq côtes saillantes : involucre nul; involucelle polyphylle.

M. odorata. Rich.   *M. odorante.*

Tige droite, feuilles pubescentes : fleurs centrales, stériles. ♃ Eur.

127. CHÆROPHYLLUM. T.   *CÉROPHYLLE.*

Calice entier : pétales extérieurs plus grands, cordiformes : fruit oblong, strié, terminé par deux cornes divergentes : involucre nul; involucelle polyphylle.

C. sylvestre. L.   *C. sauvage.*
Tige droite, rameuse : involucelle laineux. ♃ Fr.

128. SCANDIX. T.   *CERFEUIL.*

Calice entier : pétales extérieurs plus grands,

cordiformes : fruit allongé, lisse, terminé par deux cornes dressées ; involucre nul ; involucelle 1-3 phylle unilatéral.

S. Cerefolium. L.　　*C. cultivé.*

Ombelles latérales, sessiles : rayons velus à la base.

129. SIUM. T.　*BERLE.*

Calice entier : pétales en cœur : fruit ovale, strié, involucre et involucelle polyphylles.

S. sisarum. L.　　*B. chervi.*

Tige droite : feuilles caulinaires ailées, à folioles lancéolées, finement dentées ; feuilles florales ternées. ⚘ Fr.

130. LIGUSTICUM. T.　*LIVÉCHE.*

Calice à peine denté : pétales roulés en dedans : fruit ovale, oblong, relevé de cinq angles sur chaque côté : involucre et involucelle polyphylles.

L. levisticum. L.　　*L. officinale.*

Tige droite : feuilles deux fois ailées, à folioles incisées. ⚘ Eur.

131. SILER. Riv.　*SILÈRE.*

Calice entier : pétales égaux, cordiformes : fruit ovale strié : involucre monophylle ; involucelle polyphylle.

S. MONTANUM.   *S. des montagnes.*

.Tige droite: feuilles caulinaires deux fois ailées ,. à folioles ternées et linéaires. ♃ Fr.

132. CRITMUM. T.   *PERCE-PIERRE.*

Calice entier: pétales échancrés, presque égaux : fruit ovale, strié, fongueux : involucre et involucelle polyphylles.

C. MARITIMUM.   *P. maritime.*

Tige diffuse : feuilles charnues, luisantes, deux ou trois fois ailées, à folioles lancéolées. ♃ Fr.

133. BUNIUM. L.   *BUNION.*

Calice entier: pétales égaux, cordiformes ; fruit oblong, strié et tuberculeux entre les stries : involucre et involucelle polyphylles.

B. BULBOCASTANUM. L.   *B. terre-noix.*

Tige droite: feuilles deux ou trois fois ailées, à découpures linéaires. ♃ Fr.

134. CICUTA. T.   *CIGUE.*

Calice entier : pétales inégaux, cordiformes : fruit globuleux, muni de côtes saillantes et crénelées.

C. OFFICINALIS.   *C. officinale.*

Tige rameuse, maculée. ⊙ Fr.

135. AMMI. T.   *AMMI.*

Calice entier : pétales cordiformes; les exté-

rieurs plus grands : fruit ovale, lisse, strié : folioles
de l'involucre pennatifides ; folioles de l'involucelle simples.

A. MAJUS. L.   *A. commun.*

Feuilles inférieures ailées, à folioles lancéolées,
dentées ; feuilles supérieures multifides, linéaires.
⊙ Fr.

136. LIBANOTIS. Hall.   *LIBANOTE.*

Calice entier : pétales bipartis : fruit oblong,
velu.

L. CRETENSIS. Gært.   *D. de Crète.*

Folioles linéaires, planes, velues.

137. BUBON. L.   *BUBON.*

Calice à cinq dents : pétales lancéolés, roulés
en dedans : fruit ovale, strié, velu ; involucre et
involucelle polyphylles.

B. MACEDONICUM.   *B. de Macédoine.*

Feuilles trois fois ailées, à folioles pubescentes,
rhomboïdales dentées et pennatifides. ♃ Mac.

B. GALBANUM.   *B. galbanum.*

Folioles rhomboïdales, dentées, glabres, striées ;
ombelle pauciflore. ♄ Eth.

138. BUBLEVRUM. T.   *BUBLEVRE.*

Calice entier : pétales entiers, roulés en dedans :
fruit arrondi, comprimé sur les côtés ; involucre
polyphylle ou nul ; involucelle polyphylle.

B. FRUTICOSUM. L. *B. arbrisseau.*

Feuilles lancéolées, obovales : involucre et in-volucelle polyphylles. ♄ Fr.

B. ROTUNDIFOLIUM. L. *B. à feuilles rondes.*

Feuilles perfoliées : involucre nul. ⊙ Fr.

139. FERULA. T. *FÉRULE.*

Calice entier : pétales oblongs, presque égaux, courbés au sommet : fruit ovale, comprimé, marqué de trois nervures de chaque côté : involucre caduc ; involucelle polyphylle.

F. COMMUNIS. *F. commune.*

Feuilles très-divisées, à folioles linéaires et fort longues. ♃ Fr.

140. HERACLEUM. L. *BERCE.*

Calice presque entier : pétales centrales presque égaux, échancrés : pétales extérieurs plus grands, profondément bifides : fruit elliptique, comprimé, strié, échancré au sommet et membraneux sur les bords : involucre caduc : involucelle poly-phylle.

H. SPHONDYLIUM. L. *B. commune.*

Feuilles ailées, à folioles pennatifides, incisées et dentées. ♃ Fr.

141. TORDYLIUM. T. *TORDYLE.*

Calice denté : pétales en cœur ; ceux du disque

égaux, ceux de la circonférence plus grands et cordiformes : fruit orbiloculaire, comprimé, entouré d'un rebord saillant crénelé.

T. OFFICINALE. L.   T. officinal.

Feuilles composées : folioles des feuilles inférieures ovales, incisées, crénelées : folioles des feuilles supérieures linéaires et lancéolées. ⊙ Fr.

142. PEUCEDANUM. T. PEUCEDANUM.

Calice à cinq dents : pétales oblongs, courbés en dedans : fruit ovale, un peu comprimé, strié, légèrement ailé sur les bords.

P. OFFICINALE. L.   P. officinal.

Feuilles trois ou quatre fois ternées, à folioles linéaires. ♃ Fr.

143. ANGELICA. T.   ANGÉLIQUE.

Calice à peine denté : pétales lancéolés, courbes en dedans : fruit ovale, ailé sur les bords et muni de trois côtes sur chaque face : involucre, ou nul, ou 1-5 phylle ; involucelle polyphylle.

A. ARCHANGELICA. L.   A. officinale.

Feuilles deux fois ailées, à folioles ovales, oblongues, inégalement dentées en scie, les unes simples, les autres lobées : involucre 1-5 phylle. ♂ Fr.

A. SYLVESTRIS. L.   *A. sauvage.*

Feuilles deux fois ailées, à folioles ovales, bordées de dents terminées par une soie : involucre nul. ♂ Fr.

144. LASERPITIUM. T.   *LASER.*

Calice à peine denté : pétales échancrés, étalés · fruit oblong, à huit angles membraneux : involucre caduc ; involucelle polyphylle.

L. LATIFOLIUM. L.   *L. à larges feuilles.*

Feuilles surcomposées, à folioles en cœur, dentées, incisées : ailes du fruit crispées. ♃ Fr.

145. DAUCUS. T.   *CAROTTE.*

Calice entier : pétales en cœur, inégaux : fruit ovale, hérissé ou aiguillonné de toutes parts : folioles de l'involucre multifides.

D. CAROTA. L.   *C. cultivée.*

Tige velue : feuilles deux ou trois fois ailées, à folioles incisées par des découpures linéaires et aiguës. ♂ Fr.

146. CAUCALIS. T.   *CAUCALIDE.*

Calice à cinq dents : pétales centrales, en cœur, presque égaux : pétales extérieurs bifides et trèsgrands : fruit ovale, hérissé ou aiguillonné de toutes parts.

C. GRANDIFLORA. L.   *C. à grandes fleurs.*

Feuilles un peu velues, deux fois ailées, à folioles pennatifides par des découpures linéaires :
folioles de l'involucre membraneuses sur les bords.
⊙ Fr.

147. SANICULA. T.   *SANICLE.*

Calice presque entier : pétales bifides : fruit
ovale, hispide, ne se divisant pas spontanément :
involucre unilatéral; involucelle polyphylle.

S. EUROPÆA. L.   *S. d'Europe.*

Feuilles simples, palmées, à trois ou cinq lobes
incisés en palmettes. ♃ Fr.

148. ERYNGIUM. T.   *PANICAUT.*

Fleurs réunies en tête, sessiles et munies de
paillettes : calice à cinq dents : pétales échancrés :
fruit ovale, hérissé, couronné par des dents calicinales : involucre polyphylle.

E. CAMPESTRE. L.   *P. chardon roulant.*

Feuilles épineuses ; les radicales deux fois ailées ;
les caulinaires amplexicaules, ailées et pennatifides. ♃ Fr.

E. MARITIMUM. L.   *P. maritime.*

Feuilles épineuses ; les radicales pétiolées, arrondies, plissées ; les caulinaires sessiles et lobées.
♃ Fr.

149. HYDROCOTYLE. T. *HYDROCOTYLE.*

Calice entier : pétales entiers , étalés : fruit orbi-culaire , comprimé.

H. VULGARIS. L. *H. écuelle d'eau.*

Feuilles peltées , orbiculaires , crénelées. ♃ Fr.

150. HERNIARIA. T. *HERNIAIRE.*

Calice quinqueparti , coloré en dedans : corolle nulle : cinq écailles filiformes , alternes avec les étamines : capsule monosperme, indéhiscente, re-couverte par le calice.

H. GLABRA. L. *H. glabre.*

Tige couchée , radicante , très-rameuse : feuilles oblongues , glabres : fleurs glomérulées , axillaires, très-petites et verdâtres. ♃ Fr.

151. CHENOPODIUM. T. *ANSERINE.*

Calice quinqueparti : corolle nulle. Le fruit est un utricule recouvert en partie par le calice; il contient une graine crustacée , dont l'embryon périphérique entoure un endosperme farineux.

C. BONUS HENRICUS. L. *A. bon-Henri.*

Feuilles triangulaires, sagittées, entières : grappe terminale nue. ♃ Fr.

C. VULVARIA. L. *A. fétide.*

Tige diffuse : feuilles rhomboïdales , à peine sinueuses : fleurs glomérées, axillaires. ⊙ Fr.

C. AMBROSIOÏDES. L.　*A. odorante.*

Tige droite, paniculée : feuilles caulinaires lancéolées, dentées ; feuilles raméales linéaires : fleurs en petites grappes simples, feuillées. ☉ ♂ Fr.

C. BOTRYS. L.　*A. botrys.*

Tige droite, rameuse : feuilles oblongues, sinueuses et pennatifides : fleurs en grappes, nues, axillaires et terminales. ☉ Fr.

152. SALSOLA. L.　*SOUDE.*

Calice quinqueparti : corolle nulle : graine contournée en coquille et contenue dans le calice.

S. KALI. L.　*S. épineuse.*

Tige très-rameuse, diffuse : feuilles acérées : calice fructifère scarieux. ☉ Fr.

S. FRUTICOSA. L.　*S. arbrisseau.*

Tige droite : feuilles charnues, filiformes, presque imbriquées : fleurs solitaires axillaires. ♄ Fr.

Obs. Le calice de cette plante ne prenant pas d'extension sensible après la floraison, M. Decandolle la place parmi les anserines.

153. BETA. T.　*BETTE.*

Calice semi-adhérent, à cinq divisions : corolle nulle : graine réniforme, enfermée dans le bas du calice.

B. VULGARIS. L.　*Betterave.*

Tige droite. ♂ Fr.

B. CICLA. L.   *B. poirée.*

Obs. Plusieurs botanistes regardent la poirée comme une variété de la betterave.

154. ULMUS. T.   *ORME.*

Calice persistant, à quatre ou cinq dents : corolle nulle : l'ovaire, libre et comprimé, se change en une samare suborbiculaire, uniloculaire, indéhiscente et monosperme : la graine est pendante, et son embryon a la radicule supère.

U. CAMPESTRIS. L.   *O. commun.*

Feuilles ovales en cœur, âpres, obliques à la base, dentées et terminées en pointe aiguë : fleurs en fascicules, latérales, vernales, presque sessiles, et variant de trois à six étamines. ♄ Fr.

Obs. On trouve sur les grandes routes beaucoup de variétés de cet arbre, qui se distinguent, à l'époque de la floraison, à la couleur des fleurs, à la forme et à la couleur des fruits, à la grandeur des feuilles, à la nature de l'écorce et à celle du bois.

ORDRE III.   TRIGYNIE.

155. SAMBUCUS. T.   *SUREAU.*

Calice adhérent, quinquefide : corolle en roue, urcéolée, à cinq divisions : point de style. Le fruit est un nuculaine globuleux, succulent, couronné et contenant trois petites noix oblongues, crus-

tacées et raboteuses : la graine est endospermique,
et son embryon, presque linéaire, a la radicale
supère.

S. NIGRA. L.   *S. noir.*

Cime quinquepartite. ♄ Fr.

S. EBULUS. L.   *S. yèble.*

Cime tripartite. ♃. Fr.

156. VIBURNUM. T.   *VIORME.*

Calice adhérent, quinquefide : corolle campanulée, quinquefide : style nul : drupe couronné,
charnu, contenant un noyau uniloculaire, monosperme : graine endospermique, à radicule supère.

V. LANTANA. L.   *V. mancienne.*

Feuilles en cœur, dentées en scie, cotonneuses
en dessous. ♄ Fr.

V. OPULUS. L.   *V. obier.*

Feuilles glabres, trilobées, dentées : pétiole
glanduleux. ♄ Fr.

157. RHUS. T.   *SUMAC.*

Calice quinqueparti : cinq pétales : drupe sec,
contenant un noyau osseux, monosperme : la radicale de l'embryon est supère et réfléchie sur les
cotylédons.

R. COTINUS. L.   *S. fustet.*

Feuilles simples, obovales. ♄ Fr.

R. TOXYCODENDRON. L.   *S. vénéneux.*

Feuilles ternées, à folioles pétiolées, pubescentes : tige radicante et grimpante. ♃ Am. sept.

R. TYPHINUM. L.   *S. des jardins.*

Feuilles ailées, à folioles lancéolées, cotonneuses
en dessous, finement dentées en scie. ♃ Virg.

R. VERNIX. L.   *S. vernis.*

Feuilles ailées, à folioles entières. ♃ Pensyl.

Obs. Les sumacs vénéneux et vernis sont dioïques
selon Linné, ainsi que le sumac des jardins, selon
M. Richard.

158. TAMARIX. T.   *TAMARISC.*

Calice quinqueparti : cinq pétales : cinq étamines libres ou monadelphes à la base : capsule
oblongue, uniloculaire, trivalve, contenant beaucoup de très-petites graines aigrettées.

T. GALLICA. L.   *T. de France.*

Fleurs pentandres ; épis latéraux. ♃ Fr.

T. GERMANICA. L.   *T. d'Allemagne.*

Fleurs décandres et monadelphes ; épis terminaux. ♃ Fr.

Obs. On voit que c'est la force des affinités qui oblige
les botanistes à réunir ces deux plantes dans le même
genre.

159. ALSINE.   *MORGELINE.*

Calice pentaphylle : cinq pétales : capsule ovale

4.

uniloculaire, trivalve : graines nombreuses, attachées sur les dents d'un trophosperme central,
colomnal; elles sont endospermiques, réniformes,
chagrinées; leur embryon est périphérique, annulaire; sa radicale et le sommet de ses cotylédons sont dirigés vers le hile.

A. MEDIA. L.   *M. des oiseaux.*

Entre-nœuds de la tige alternativement velus
sur une ligne d'un seul côté. ☉ Fr.

ORDRE IV.   TÉTRAGYNIE.

160 PARNASSIA T.   *PARNASSIE.*

Calice quinqueparti : cinq pétales : cinq écailles
ciliées, opposées aux pétales : stigmates sessiles:
capsule globuleuse, uniloculaire, quadrivalvée,
à quatre trophospermes pariétaux : graines nombreuses, très-petites, membraneuses sur les bords.

Obs. Les valves portent des cloisons incomplètes qui
font paroître le fruit presque quadriloculaire.

P. PALUSTRIS. L.   *P. des marais.*

Feuilles radicales, cordiformes : tige droite, terminée par une fleur blanche. ♃ Fr.

ORDRE V.   PENTAGYNIE.

161. DROSERA. L.   *ROSOLIS.*

Calice quinquefide : cinq pétales marcescens:
capsule arrondie, à trois ou cinq valves : graines

nombreuses, très-petites, endospermiques, attachées à un trophosperme rameux.

D. ROTUNDIFOLIA. L.   *R. à feuilles rondes.*

Feuilles radicales, orbiculaires, cilicées. ⊙ Fr.

162. ARALIA. T.   *ARALIE.*

Calice adhérent, à cinq dents : cinq pétales :
fruit globuleux, succulent, couronné, à cinq
graines endospermiques.

A. RACEMOSA. L.   *A. en grappe.*

Tige lisse : grappes ombellées, latérales. ♃ Can.

A. SPINOSA. L.   *A. épineuse.*

Tige épineuse : grappes ombellées, terminales.
♄ Virg.

163. STATICE. T.   *STATICÉE.*

Calice libre, entier, à limbe plissé, scarieux : corolle pentapétale, hypogyne, chaque pétale portant une étamine à la base : capsule oblongue, uniloculaire ; contenant une graine dressée, suspen-
due, attachée vers sa base à un long podosperme
qui descend du haut de la capsule.

S. ARMERIA.   *S. gazon d'Olympe.*

Fleurs en tête : feuilles radicales linéaires. ♃ Fr.

S. LIMONIUM.   *S. limonion.*

Fleurs paniculées : feuilles radicales oblongues.
♃ Fr.

CLASSE VI.   HEXANDRIE.
ORDRE I.   MONOGYNIE.

164. ANANAS.   *ANANAS.*

Calice triparti : trois pétales munis chacun d'une écaille à la base : fruit charnu, indéhiscent, à trois loges.

A. vesca. Rich.   *A. cultivé.*

Fleurs en épi couronné par une touffe de feuilles. ♃ Am. mér.

165. AGAVE. L.   *AGAVE.*

Calice adhérent, coloré, tubuleux, à six divisions : corolle nulle : capsule trigone, triloculaire, polysperme : les graines sont planes, disposées sur deux rangs dans chaque loge le long d'un trophosperme axile.

A. americana. L.   *A. d'Amérique.*

Feuilles radicales charnues, épineuses : hampe rameuse. ♃ Am. mér.

166. POLIANTHES. L.   *TUBÉREUSE.*

Calice infundibuliforme, à six divisions : corolle

nulle : ovaire libre : capsule triloculaire, polysperme : graines disposées sur deux rangs dans
chaque loge.

P. TUBEROSA. L. *T. cultivée.*

Tige droite : feuilles radicales longues ; feuilles
caulinaires courtes, squammiformes : fleurs blanches en épi terminal. ♃ Ceyl.

167. NARCISSUS. L. *NARCISSE.*

Calice adhérent, infundibuliforme, muni à la
gorge d'une couronne campanulée : corolle nulle.

N. POETICUS. L. *N. des poëtes.*

Spathe uniflore : couronne très-courte, crénelée. ♃ Fr.

168. GALANTHUS. L. *GALANTHE.*

Calice adhérent à six divisions dont trois intérieures, alternes, échancrées et plus courtes que
les autres.

G. NIVALIS. L. *G. perce-neige.*

Feuilles radicales linéaires : hampe terminée
par une fleur blanche pendante. ♃ Eur.

169. AMARYLLIS. L. *AMARYLLIS.*

Calice infundibuliforme, muni de six écailles à
la gorge.

A. BELLADONA. L.   *A. Belladone.*

Spathe multiflore : calice campanulé, régulier : organes sexuels inclinés. ♃ Sur.

A. LUTEA. L.   *A. jaune.*

Spathe uniflore : corolle régulière : étamines inclinées. ♃·Esp.

170. LILIUM. T.   *LIS.*

Calice à six parties, campanulé, muni dans le fond de stries nectarifères : ovaire libre : capsule oblongue, trigone, triloculaire, polysperme : graines planes, rangées sur deux lignes dans chaque loge.

L. CANDIDUM. L.   *L. blanc.*

Feuilles éparses : corolle glabre en dedans. ♃ Syr.

L. BULBIFERUM. L.   *L. bulbifère.*

Feuilles éparses : corolle droite, rude en dedans. ♃ Ital.

171. FRITILLARIA. T.   *FRITILLAIRE.*

Calice campanulé, muni dans le fond de fossettes ovales, nectarifères.

F. IMPERIALIS.   *F. couronne impériale.*

Grappe couronnée par des feuilles : fleurs inclinées. ♃-Per.

F. MELEAGRIS. *F. damier.*

Tige terminée par une ou deux fleurs inclinées.
♃ Fr.

172. TULIPA. T. *TULIPE.*

Calice campanulé : stigmates sessiles.

T. GESNERIANA. *T. des jardins.*

Fleur droite : divisions calicinales obtuses : feuilles ovales, lancéolées. ☉ ♃ Capp.

173. ALLIUM. T. *AIL.*

Calice campanulé, à six divisions : corolle nulle : filets des étamines simples ou bidentés : capsule triloculaire, trivalve, loculiscide ; trophosperme libre après la déhiscence : fleurs en ombelle.

A. CEPA. L. *A. oignon.*

Feuilles radicales, cylindriques, fistuleuses : hampe nue, également fistuleuse, ventrue : étamines simples. ♂.

A. ASCALONICUM. L. *A. échalotte.*

Feuilles et hampe cylindriques : trois étamines bidentées. ♃ Palest.

A. CARINATUM. L. *A. à carène.*

Tige garnie de feuilles carénées : spathe allongé, bicorne : étamines simples : ombelle balbifère.
♃ Fr.

4*

A. VICTORIALIS. L.　　*A. victoriale.*

Feuilles planes, ovales, oblongues : tige cylindrique : étamines simples, plus longues que le calice. ♃ Fr.

A. SATIVUM. L.　　*A. cultivé.*

Feuilles planes, linéaires : ombelle bulbifère : trois étamines bidentées. ♃ Fr.

A. PORRUM. L.　　*A. porreau.*

Tige garnie de feuilles distiques, gladiées : trois étamines bidentées. ♂ Helv.

174. SCILLA. L.　　*SCILLE.*

Calice à six divisions étalées : filets des étamines simples : graines arrondies.

S. MARITIMA. L.　　*S. maritime.*

Feuilles lancéolées : grappe conique, allongée, garnie de bractées réfléchies, éperonnées en dessous : oignon très-gros. ♃ Fr.

175. HYACINTHUS. L.　　*JACINTHE.*

Calice tubuleux, ventru, à six divisions profondes : filets des étamines simples : capsule à trois angles arrondis.

H. NON SCRIPTUS. L.　　*J. des bois.*

Calice campanulé, à peine ventru à la base : découpures roulées en dehors au sommet. ♃ Fr.

Obs. M. Decandolle place cette plante parmi les scilles, à cause de son calice profondément découpé.

176. MUSCARI. T.   *MUSCARI.*

Les *muscari* diffèrent des jacinthes par leurs fleurs en grelot et par leur capsule à trois angles aigus.

M. COMOSUM.   *M. chevelu.*

Fleurs en grappe droite ; les supérieures stériles et plus longuement pédicillées. ♃ Fr.|

177. ALOE. T.   *ALOÈS.*

Calice libre, nectarifère, à six divisions droites ou roulées en dehors : étamines insérées au bas du tube calicinal.

A. VULGARIS. L.   *A. commun.*

Feuilles épineuses, dentées, planes en dessus, maculées. ♃ Ital.

A. MARGARITIFERA. L.   *A. perlé.*

Feuilles conniventes, convexes, couvertes de tubercules blancs et scarieux. ♃ Eth.

178. ASPHODELUS. T.   *ASPHODÈLE.*

Calice étalé : filets des étamines élargis à la base et voûtés au-dessus de l'ovaire.

A. ALBUS. Dec.   *A. blanc.*

Tige nue, simple : feuilles gladiées, carénées, lisses : grappe terminale : pédoncule rapproché et de la longueur des bractées. ♃ Fr.

179. CONVALLARIA. L.   *MUGUET.*

Calice globuleux ou cylindrique, à six dents :
baie à trois loges monospermes.

C. MAJALIS. L.   *M. de mai.*

Fleurs en grelot : hampe nue. ♃ Fr.

C. POLYGONATUM. L.   *M. sceau de Salomon.*

Tige comprimée feuillée : pédoncules axillaires,
à une ou deux fleurs tubuleuses. ♃ Fr.

Obs. Cette espèce fait partie du genre *polygonatum*
de Tournefort.

180. MAYANTHEMUM. Roth.
MAYANTHÈME.

Calice à quatre ou six divisions étalées, quatre
ou six étamines : baie à deux ou trois loges monospermes.

M. BIFOLIUM. Dec.   *M. à deux feuilles.*

Feuilles en cœur, alternes : fleurs quadrifides et
tétrandres. ♃ Fr.

181. ASPARAGUS. T.   *ASPERGE.*

Fleurs monoïques ou dioïques : calice oblong,
à six divisions profondes : baie triloculaire, à loges
dispermes.

A. OFFICINALIS. L.   *A. officinale.*

Tige droite, rameuse : feuilles sétacées : pédoncule articulé. ♃ Fr.

182. TRADESCANTIA. L. *ÉPHÉMÈRE.*

Calice trifide : trois pétales : filets des étamines velus : capsule triloculaire, oligosperme.

T. VIRGINIANA. L. *E. de Virginie.*

Fleurs en ombelle inégale : involucre de deux ou trois folioles plus longues que l'ombelle. ♃ Virg.

183. JUNCUS. L. *JONC.*

Calice glumacé, à six parties : capsule triloculaire, trivalve, à valves septiscides : loges monospermes.

J. EFFUSUS. *J. des jardiniers.*

Chaume nu, arrondi, strié : panicule latéral, étalé, surcomposé : capsule obtuse. ♃ Fr.

184. LUZULA. Dec. *LUZULE.*

Ce genre diffère du précédent par son fruit uniloculaire, à trois graines.

L. CAMPESTRIS. Dec. *L. des champs.*

Feuilles planes, soyeuses : épis pédonculés, disposés en ombelle : divisions calicinales aiguës. ♃ Fr.

185. ACORUS. T. *ACORE.*

Fleurs sessiles sur un spadice cylindrique : calice glumacé, à six parties : stigmate sessile : capsule triangulaire, à trois loges.

A. CALAMUS.   *A. aromatique.*

Spadice latéral : feuilles droites, engaînantes par le côté. ♃ Fr.

186. BERBERIS. T.   *ÉPINE-VINETTE.*

Calice hexaphylle : six pétales glanduleux sur l'onglet, opposés aux folioles calicinales : stigmate sessile : baie oblongue, ouverte au sommet, contenant d'une à trois graines dressées, attachées au bas de la loge : ces graines sont oblongues, endospermiques, et la radicule de leur embryon est infère.

B. VULGARIS.   *E. commune.*

Fleurs en grappe : épine triple. ♄ Fr.

ORDRE II.   DIGYNIE.

187. ORIZA. T.   *RIZ.*

Lépicène uniflore, bivalve : glume bivalve.

O. SATIVA. L.   *R. cultivé.*

Fleurs en panicule. ☉ Ind.

ORDRE III.   TRIGYNIE.

188. CHAMÆROPS. L.   *CHAMÉROPS.*

Spathe monophylle : spadice rameux : étamines monadelphes à la base : ovaire libre : trois petits fruits globuleux, monospermes.

C. HISPANICA. Rich.   *C. d'Espagne.*

Frondes palmées, plissées. ♄ Esp.

189. COLCHICUM. T.   COLCHIQUE.

Calice coloré, très-long, à limbe campanulé, divisé en six parties : étamines attachées au tube calicinal : trois capsules polyspermes réunies par la base.

C. AUTUMNALE. L.   *C. d'automne.*

Fleurs automnales, d'un lilas pâle : feuilles vernales, oblongues : fruit estival. ♃ Fr.

190. RUMEX. L.   *RUMEX.*

Calice à six divisions, dont trois intérieures plus grandes : corolle nulle : stigmates en pinceau : fruit triquètre, contenant une seule graine endospermique, dont l'embryon périphérique a la radicale dirigée vers le point d'attache.

Obs. Quelques espèces sont dioïques ou polygames.

R. PATIENTIA. L.   *R. patience officinale.*

Fleurs hermaphrodites : grandes folioles calicinales entières ; l'une d'elles tuberculifère à la base. ♃ Fr.

R. AQUATICUS. Dec.   *R. aquatique.*

Fleurs hermaphrodites : grandes folioles calicinales entières, cordiformes ; deux d'entre elles tuberculifères à la base. ♃ Fr.

Obs. Il paroît que notre *rumex aquaticus*, qui est bien celui de la *Flore françoise*, n'est pas celui de Linné.

R. ALPINUS. L. *R. des Alpes.*

Fleurs polygames : grandes folioles calicinales entières, dénuées de tubercule. ♃ Fr.

R. ACETOSA. L. *R. oseille.*

Fleurs dioïques : grandes folioles calicinales entières, dénuées de tubercule. ♃ Fr.

ORDRE IV. POLYGYNIE.

191. ALISMA. L. *ALISMA.*

Calice trifide : trois pétales : fruits nombreux, comprimés, uniloculaires, monospermes, rangés circulairement dans le calice : l'embryon est plié en deux ; la radicale et le sommet du cotylédon sont dirigés vers le hile.

A. PLANTAGO. L. *A. plantain d'eau.*

Feuilles lancéolées : tige paniculée, divisée en rameaux ternés : fleurs en ombelles. ♃ Fr.

CLASSE VII. HEPTANDRIE.
ORDRE I. MONOGYNIE.

192. ÆSCULUS. L. *MARRONNIER.*

CALICE tubuleux, à cinq lobes : cinq pétales inégaux, étalés : étamines inclinées : capsule coriace, triloculaire, trivalve, à loges dispermes : graines arrondies, coriaces, luisantes, marquées d'un grand hile : l'embryon a ses deux cotylédons soudés ensemble, et sa radicale longue, courbée de bas en haut, engagée dans la partie spongieuse du tégument.

Æ. HIPPOCASTANUM. L. *M. d'Inde.*

Feuilles digitées : fleurs en thyrse : fruit hérissé. ♄ Asie.

CLASSE VIII. OCTANDRIE.
ORDRE I. MONOGYNIE.

---

193. ERICA. T. *BRUYÈRE.*

CALICE tétraphylle, simple ou double : corolle monopétale, à quatre lobes; anthères bifides : capsule à quatre loges, à quatre valves : graines nombreuses et très-petites, attachées à un trophosperme axile.

E. VULGARIS. L. *B. commune.*

Calice double : anthères aristées, incluses : capsule septiscide; feuilles opposées, sagittées. ♄ Fr.

E. SCOPARIA. L. *B. à balais.*

Calice simple : anthères aristées, incluses : stigmate pelté, saillant : capsule loculiscide : feuilles ternées. ♄ Fr.

E. CINEREA. L.   *B. cendrée.*

Calice simple : anthères aristées, incluses : style saillant : capsule loculiscide : feuilles ternées. ♄ Fr.

Obs. Salisbury et, à son exemple, plusieurs botanistes ont rejeté la bruyère commune des bruyères, comme s'il n'étoit pas plus difficile d'empêcher que cette plante ne soit toujours appelée bruyère, que de fonder ou de renverser un empire.

194. VACCINIUM. L.   *AIRELLE.*

Calice adhérent à quatre dents : corolle en cloche ou en grelot, à quatre divisions : étamines épigynes : baie à quatre loges polyspermes.

V. MYRTILLUS.   *A. myrtille.*

Pédoncule uniflore : feuilles ovales, dentées en scie, décidues ; tige anguleuse. ♄ Fr.

V. VITIS IDÆA.   *A. idéenne.*

Grappe terminale, penchée : feuilles obovales, entières, à bord renversé, ponctuées en dessous. ♄ Fr.

V. OXYCOCCUS.   *A. canneberge.*

Pédoncule uniflore : feuilles ovales, entières, à bord roulé en dessous : tige filiforme et rampante. ♄. Fr.

195. OENOTHERA. L.   *ONAGRE.*

Calice adhérent, tubuleux, à limbe décidu, quadrilobé : quatre pétales : stigmate quadrifide :

capsule longue, anguleuse, à quatre loges, à quatre valves, loculiscide : graines nombreuses, anguleuses, attachées à un trophosperme central.

OE. BIENNIS: L. *O. bisannuelle.*

Feuilles ovales, lancéolées : tige âpre et velue : étamines plus courtes que la corolle. ♂ Fr.

196. EPILOBIUM. L. *EPILOBE.*

Ce genre ne diffère du précédent que par ses graines, surmontées d'une aigrette.

E. ANTONIANUM. Rich. *E. ozier fleuri.*

Tige droite, simple, garnie de feuilles linéaires éparses, et terminée par un grand épi lâche de fleurs purpurines un peu inégales. ♃ Fr.

197. TROPÆOLUM. L. *CAPUCINE.*

Calice coloré, éperonné, à cinq divisions : cinq pétales dont trois inférieurs, ciliés, onguiculés, et deux supérieurs, cunéiformes et sessiles : étamines inégales, rapprochées, inclinées et arquées : ovaire libre, surmonté d'un style à trois stigmates : le fruit est trilobé et se divise en trois coques indéhiscentes, monospermes : la graine est pendante et la radicale de son embryon est dirigée vers le hile.

T. MAJUS. *C. ordinaire.*

Tige volubile : feuilles peltées : fleurs axillaires, solitaires. ⊙ Pér.

198. DAPHNE. L.   *DAPHNÉ.*

Calice coloré., quadrifide : étamines biseriales,
incluses, attachées au milieu de tube calicinal :
baie monosperme.

D. MEZEREUM. L.   *D. bois-gentil.*

Fleurs latérales, sessiles, ternées, hibernales :
feuilles lancéolées, vernales et annuelles. ♄ Fr.

D. LAUREOLA. L.   *D. lauréole.*

Fleurs axillaires, pédicillées, quinées, vernales : feuilles lancéolées, glabres, persistantes.

199. PETIVERIA. L.   *ALLIAIRE.*

Calice caliculé, persistant, profondément divisé
en quatre découpures lancéolées, ouvertes, presque unilatérales : corolle nulle ; étamines attachées
au bas du calice : ovaire libre : style nul : stigmate
latéral, presque basilaire, pénicilliforme : capsule
monosperme, indéhiscente, oblongue, munie au
sommet de quatre aiguillons rabattus : la graine
est endospermique ; son embryon a les cotylédons
foliacés, plissés, et la radicale infère.

Obs. On a long-temps méconnu les lois de la nature
en indiquant quatre styles sur l'ovaire du petiveria,
puisqu'on savoit d'autre part que cet ovaire étoit uniloculaire et monosperme.

ORDRE II.   TRIGYNIE.

200. POLYGONUM. T.   *POLYGONE.*

Calice profondément divisé en quatre, cinq ou

six parties : corolle nulle, de cinq à neuf étamines (le plus souvent huit) : ovaire libre : fruit ovale ou triangulaire, indéhiscent, contenant une seule graine endospermique.

P. AVICULARE. L.   *P. renouée.*

Tige tombante : feuilles elliptiques, lancéolées, âpres sur les bords : fleurs octandres, axillaires, très-petites : fruit ovale, embryon latéral. ⊙ Fr.

P. FAGOPYRUM. L.   *P. sarrasin.*

Tige droite, rameuse : feuilles en cœur sagitté ; fleurs octandres, paniculées : fruit triangulaire : embryon central. ⊙ Fr.

P. HYDROPIPER. L.   *P. poivré.*

Tige droite : feuilles lancéolées, ondulées, sans taches : fleurs en épi filiforme, hexandres, semi-digyne : fruit ovale : embryon latéral. ⊙ Fr.

P. PERSICARIA. L.   *P. Persicaire.*

Tige droite ou diffuse : feuilles ovales, lancéolées, souvent maculées : stipules ciliées : fleurs en épi oblong, hexandres, semidigynes : fruit ovale : embryon latéral. ⊙ Fr.

P. BISTORTA. L.   *P. bistorte.*

Tige droite, simple : feuilles ovales, ondulées ; les inférieures pétiolées : fleurs en épi ovale, ennéandres : fruit triangulaire : embryon latéral. ♃ Fr.

ORDRE III.   TÉTRAGYNIE.

201. PARIS.   *PARISETTE.*

Calice étalé, quadriphylle : quatre pétales plus étroits que les folioles du calice : anthères adnées au milieu des filets : baie à quatre loges polyspermes.

P. QUADRIFOLIA.   *P. à quatre feuilles.*

Tige droite, portant quatre feuilles en croix vers le milieu, et une seule fleur terminale. ⚥ Fr.

202. ADOXA. L.   *MOSKATELLE.*

Calice adhérent, à quatre ou cinq divisions : corolle nulle : huit ou dix étamines : quatre ou cinq styles : baie globuleuse, succulente, à quatre ou cinq loges monospermes.

A. MOSCHATELLINA.   *M. des bois.*

Feuilles radicales biternées : tige portant deux feuilles opposées et une tête de fleurs verdâtres, terminale. ⚥ Fr.

CLASSE IX.   ENNÉANDRIE.
ORDRE I.   MONOGYNIE.

203. LAURUS. T.   *LAURIER.*

CALICE à quatre, cinq ou six divisions : corolle

nulle : de six à douze étamines insérées au fond du calice sur un ou sur deux rangs, entremêlées de plusieurs glandes pédicillées ; anthères géminées, distantes, rabattues dans les fossettes latérales du connectif, qui est fort gros, et se relevant ensuite pour répandre le pollen : ovaire libre : baie drupacée ; charnue, monosperme : graine attachée vers le haut de la baie, et ayant la radicale de l'embryon dirigée vers le point d'attache.

Obs. Plusieurs lauriers ont les fleurs ou dioïques ou polygames, et le nombre et la forme des parties varient dans beaucoup d'espèces ; de sorte que ce genre n'a de très-constant que la structure singulière de ses anthères, structure qu'il partage avec le seul genre *cassytha*.

L. NOBILIS. L.   *L. franc.*

Feuilles lancéolées, nerveuses, légèrement ondulées, persistantes : fleurs dioïques. ♄ Fr.

L. PSEUDO-BENZOIN. Rich.   *L. faux benzoin.*

Feuilles ovales, entières, aiguës aux deux bouts, à nervures peu apparentes, annuelles. ♄ Virg.

L. SASSAFROS. L.   *L. sassafras.*

Feuilles, les unes entières, les autres à deux ou trois lobes. ♄ Virg.

ORDRE II.   TRIGYNIE.

204. RHEUM. L.   *RHUBARBE.*

Calice à six divisions : corolle nulle : trois stigmates : fruit triquètre, monosperme , à bord membraneux.

R. RHAPONTICUM. L.   *R. rhapontique.*

Feuilles glabres, entières : pétiole légèrement sillonné en dessous. ♃ Th.

R. COMPACTUM. L.   *R. compacte.*

Feuilles glabres, légèrement lobées et denticulées. ♃ Ch.

R. HYBRIDUM.   *R. hybride.*

Feuilles glabres en dessus, un peu velues en dessous, légèrement lobées, à sinus inférieur aigu : pétiole sillonné en dessus et arrondi sur les bords. ♃ As.

R. PALMATUM. L.   *R. officinale.*

Feuilles palmées, à lobes aigus. ♃ Ch.

CLASSE X.   DÉCANDRIE.
ORDRE I.   MONOGYNIE.

---

205. SOPHORA. L.   *SOPHORA.*

CALICE urcéolé, à cinq dents : corolle papillonnacée ; carène bipétalée ; ailes de la longueur de l'étendard : étamines libres : légume toruleux, polysperme.

S. JAPONICA. L. *S. du Japon.*

Feuilles ailées, à folioles nombreuses, ovales, glabres : fleurs blanches en panicule. ♄ Jap.

206. CASSIA. T. *CASSE.*

Calice quinquephylle : cinq pétales inégaux. étamines inégales, à anthères perforées au sommet ou s'ouvrant longitudinalement ; les trois inférieures fort longues et arquées. Légume polysperme très-variable.

Obs. Les anthères sont rarement toutes fertiles ; le plus souvent les trois supérieures sont les seules stériles : quelquefois une partie des inférieures est aussi stérile ; les unes s'ouvrent seulement au sommet pour répandre le pollen ; les autres s'ouvrent longitudinalement.

C. SENNA. L. *C. séné.*

Feuilles ailées, à 4-7 paires de folioles obovales ; la dernière paire plus grande que les autres : fruit comprimé, arqué et relevé de crêtes sur les côtés. ☉ Egypt.

C. MARYLANDICA. *C. du Maryland.*

Feuilles ailées, à environ huit paires de folioles oblongues égales : pétiole commun muni d'une glande à la base. ♃ Mar.

207. MORINGA. Jus. *MORINGA.*

Calice turbiné, à base persistante et divisé supérieurement en cinq découpures lancéolées déci-

5

dues : cinq pétales insérés au tube calicinal ; les
quatre inférieurs sont réfléchis, et le supérieur est
droit : étamines libres, velues à la base, insérées
à l'orifice du calice, plus courtes que la corolle ;
cinq alternes sont sans anthères : légume long,
trigone, uniloculaire, trivalve, polysperme : les
graines sont subtrigones, à trois ailes, insérées
sur le milieu des valves.

Obs. Un fruit à trois valves, et des graines attachées
sur le milieu des valves, sont deux caractères absolument étrangers à la famille des légumineuses, dans laquelle ce genre se range pourtant naturellement.

M. BÉENIFERA.   *M. noix de ben.*

Feuilles tripennées avec impaire : fleurs blanches en panicules axillaires et terminales. ♄ Am.
mér.

208. FRAXINELLA. T.   *FRAXINELLE.*

Calice petit, à cinq divisions caduques : cinq
pétales inégaux onguiculés : étamines à filets glanduleux, inclinées ainsi que le style : capsule étoilée,
à cinq angles, à cinq lobes libres dans la partie
supérieure, chaque lobe s'ouvre du côté intérieur,
et contient une coque élastique, soluble, bivalve,
échancrée du côté intérieur, et renfermant quelques graines endospermiques.

Obs. L'unité de style, le trophosperme unique et central de ce fruit, ne me permettent pas de le considérer
avec Gærtner et M. Jussieu, comme formé de cinq capsules réunies.

F. DICTAMNUS. L. *F. cultivée.*

Feuilles ailées avec impaire : fleur en épi terminal.

Obs. La fille de Linné a remarqué, la première, que, le soir d'un jour très-chaud, l'atmosphère de cette plante peut s'enflammer si on en approche une chandelle allumée.

209. RUTA. T. *RUE.*

Calice persistant à cinq divisions : cinq pétales onguiculés égaux : étamines divergentes : capsule à quatre ou cinq loges polyspermes, s'ouvrant seulement au sommet du côté intérieur : les graines sont réniformes, endospermiques.

R. GRAVEOLENS. L. *R. commune.*

Feuilles surcomposées : pétales lacérés : fleurs latérales octandres. ♄ Fr.

210. LEDUM. L. *LEDUM.*

Calice à cinq dents : cinq pétales : capsule acuminée par le style, à cinq loges polyspermes ; les bords des valves sont rentrans et constituent les cloisons.

L. PALUSTRE. *L. des marais.*

Feuilles oblongues linéaires, à bord roulé et cotonneuses en dessous : fleurs en corymbe terminal. ♄ Fr.

211. ANDROMEDA. L. *ANDROMÈDE.*

Calice quinqueparti : corolle globuleuse ou cam-

panulée à cinq dents réfléchies : étamines incluses : capsule à cinq valves, à cinq loges polyspermes.

A. POLIFOLIA. L.   *A. à feuilles de polion.*

Feuilles lancéolées, alternes, à bords roulés en
dessous, pédoncules agrégés : corolle ovale. ♄ Fr.

212. PIROLA. T.   *PIROLE.*

Calice quinqueparti : cinq pétales connivens,
légèrement soudés à la base : stigmate à cinq cré-
nelures : capsule à cinq valves, à cinq loges polyspermes.

P. ROTUNDIFOLIA. L.   *P. à feuilles rondes.*

Etamine ascendante : pistil incliné. ♃ Fr.

213. ARBUTUS. T.   *ARBOUSIER.*

Calice quinqueparti : corolle ovale à cinq dents
réfléchies : étamines incluses : baie à cinq loges
monospermes ou polyspermes.

A. UVA URSI. L.   *A. busserole.*

Tige tombante : feuilles très-entières ponctuées :
loges du fruit monospermes. ♄ Fr.

A. UNEDO.   *A. commun.*

Tige arborée : feuilles glabres, dentées en scie ;
loges du fruit polyspermes. ♄ Fr.

ORDRE II. DIGYNIE.

214. SAXIFRAGA. T. *SAXIFRAGE.*

Calice persistant, libre ou semi-adhérent, à cinq divisions : cinq pétales : capsule à deux sommets, à deux loges polyspermes, s'ouvrant entre les deux sommets.

S. GRANULATA. L. *S. grenue.*

Feuilles caulinaires réniformes, lobées : tige rameuse : calice adhérent. ♃ Fr.

S. CRASSIFOLIA. L. *S. à feuilles épaisses.*

Feuilles ovales légèrement dentées, pétiolées : tige nue ; panicule resserrée : fleurs rouges. ♃ Sib.

S. COTYLEDON. L. *S. cotylédon.*

Feuilles radicales, agrégées, ligulées, coriaces, dentées en scie : tige paniculée. ♃ Fr.

§. LES CINQ GENRES SUIVANS ONT CINQ ÉTAMINES HYPOGYNES, ET CINQ ÉPIPÉTALES.

215. GYPSOPHILA. L. *GYPSOPHILE.*

Calice campanulé à cinq divisions profondes : cinq pétales à peine onguiculés : capsule à cinq valves, à une loge polysperme.

G. STRUTHIUM. *G. struthion.*

Feuilles linéaires, ayant dans l'aisselle un faisceau d'autres feuilles cylindriques. ♃ Hisp.

216. SAPONARIA. L.   *SAPONAIRE.*

Calice tubulé, nu, à cinq dents : cinq pétales munis d'onglets de la longueur du calice : capsule uniloculaire polysperme.

S. OFFICINALIS. L. -   *S. officinale.*

Calice cylindrique, glabre : feuilles ovales lancéolées. ♃ Fr.

217. DIANTHUS. L.   *OEILLET.*

Calice tubulé à cinq dents, muni de plusieurs écailles à la base : cinq pétales onguiculés : capsule à une loge s'ouvrant au sommet en quatre ou cinq dents.

D. CARYOPHYLLUS. L.   *OE. des jardins.*

Fleurs isolées : quatre écailles ovales et très-courtes au bas du calice : feuilles linéaires glauques. ♃ Fr.   -

D. BARBATUS. L.   *OE. de poëte.*

Fleurs fasciculées : écailles du bas du calice égalant le calice même en longueur : feuilles lancéolées. ♃ Fr.

ORDRE III.   TRIGYNIE.

218. CUCUBALUS. T.   *CUCUBALE.*

Calice turbiné, ventru, à cinq dents : cinq pétales onguiculés, à limbe simple ou bifide : capsule triloculaire polysperme, s'ouvrant au sommet en six dents.

C. BEHEN. L. C. behen.

Tige dichotome : feuilles ovales, oblongues : calice enflé, ovale, réticulé : pétale bifide, muni de deux rudimens d'écailles au bas du limbe. ♃ Fr.

Obs. La variété femelle stérile, à petite fleur, observée à Upsal par Linné, est très-commune aux environs de Paris : on la reconnoît à ses fleurs plus petites, à ses styles très-longs, pendans, et à ses filets sans anthères.

C. OTITES. L. C. dioïque.

Tige presque nue : feuilles linéaires : fleurs dioïques, à calice velu et à pétales entiers linéaires.

Obs. Ces deux cucubales sont transférés parmi les silènes dans la *Flore françoise.*

ORDRE IV. PENTAGYNIE.

219. AGROSTEMMA. L.
AGROSTEMME.

Calice tubulé à cinq découpures : cinq pétales onguiculés dénués d'appendices à l'orifice : capsule à une loge polysperme s'ouvrant en cinq dents au sommet.

A. GITHAGO. A. nielle.

Tige droite, velue : calice de la longueur de la corolle : pétales entiers. ⊙ Fr.

220. SEDUM. T.   *SEDUM.*

Calice quinqueparti : cinq pétales : ovaires libres : cinq capsules uniloculaires, bivalves, polyspermes ; trophosperme adné au bord des valves.

S. TELEPHIUM. L.   *S. pourpré.*

Feuilles planes dentées : tige droite terminée par un corymbe de fleurs munies de quelques feuilles. ⚴ Fr.

S. ALBUM. L.   *S. blanc.*

Feuilles oblongues, obtuses, à peu près cylindriques, étalées : cime rameuse. ⚴ Fr.

S. ACRE.   *S. âcre.*

Feuilles presque ovales, sessiles, dressées, alternes : cime trifide. ⚴ Fr.

ORDRE V.   DÉCAGYNIE.

221. PHYTOLACCA.   *PHYTOLAQUE.*

Calice quinqueparti : corolle nulle : baie à dix loges monospermes.

P. DECANDRA. L.   *P. à dix étamines.*

Tige rameuse : fleurs en épi à dix étamines. ⚴. Virg.

CLASSE XI. POLYANDRIE.
ORDRE I. MONOGYNIE.

222. NYMPHÆA. T. *NENUPHAR.*

CALICE à quatre ou cinq folioles : pétales nombreux : étamines nombreuses, hypogynes ou adhérentes à l'ovaire : style nul ; stigmate en plateau rayonnant : fruit charnu, multiloculaire, à cloisons doubles, et divisible en autant de parties que de rayons au stigmate : graines nombreuses, endospermiques, attachées aux cloisons.

N. ALBA. *N. blanc.*

Calice à quatre folioles plus courtes que les pétales : étamines épigynes. ♃ Fr.

N. LUTEA. *N. jaune.*

Calice à cinq folioles plus longues que les pétales : étamines hypogynes. ♃ Fr.

223. TILIA. T. *TILLEUL.*

Calice quinqueparti, décidu : cinq pétales : stigmate à cinq dents : fruit arrondi, coriace, indéhiscent, à cinq loges dispermes, ou le plus souvent uniloculaire et monosperme par avortement.

5*

T. europæa. ⸗ *T. d'Europe.*

Feuilles en cœur, aiguës, inégalement dentées. ♄ Fr.

Obs. On reconnoît plusieurs espèces ou variétés dans
le tilleul d'Europe, qui se distinguent surtout à la grandeur des feuilles et à la forme des fruits.

224. CISTUS. T. *CISTE.*

Calice à cinq divisions : cinq pétales : capsule
arrondie à 5-10 loges, 5-10 valves septifères ;
trophosperme basilaire, adhérent aux cloisons :
graines nombreuses, endospermiques.

C. albidus. L. *C. blanchâtre.*

Feuilles sessiles, oblongues, elliptiques, à trois
nervures, cotonneuses et blanchâtres. ♄ Fr.

C. monspeliensis. L. *C. de Montpellier.*

Feuilles linéaires, lancéolées, sessiles, à trois
nervures, velues des deux côtés : pédoncule velu
et rameux. ♄ Fr.

225. HELIANTHEMUM. T. *HELIANTHÈME.*

Calice inégal : cinq pétales : capsule uniloculaire, à trois valves séminifères.

H. vulgare. Dec. *H. commun.*

Tige tombante ou couchée : feuilles ovales,
oblongues, légèrement velues, à bords roulés et
blanchâtres en dessous : stipules lancéolées. ♄ Fr.

226. CAPPARIS. T. *CAPRIER.*

Calice quadriphylle : quatre pétales : ovaire stipité : baie uniloculaire, polysperme, à deux trophospermes pariétaux.

C. SPINOSA. *C. du commerce.*

Tige épineuse : fleurs axillaires, solitaires. ♄ Fr.

227. PAPAVER. T. *PAVOT.*

Calice diphylle, caduc : quatre pétales : style
nul ; stigmate en plateau rayonnant : capsule ovale
ou oblongue, uniloculaire, polysperme, ayant la
paroi interne munie de beaucoup de trophospermes saillans.

P. SOMNIFERUM. *P. à l'opium.*

Feuilles amplexicaules, glabres, incisées : calice
glabre ainsi que la capsule, qui est ovale ou globuleuse. ⊙ Fr.

P. RHÆAS. L. *P. coquelicot.*

Tige velue, multiflore : feuilles pennatifides, incisées : capsule glabre, turbinée. ⊙ Fr.

228. ARGEMONE. T. *ARGÉMONE.*

Calice à deux ou trois folioles : quatre, cinq ou
six pétales : stigmate en tête : capsule uniloculaire,
à 3-5 angles revêtus en dedans de chacun un
trophosperme : graines nombreuses.

A. MEXICANA. L.   *A. du Mexique.*

Tige, feuilles et fruit épineux : fleurs solitaires terminales. ☉ Mex.

229. CHELIDONIUM. T.   *CHÉLIDOINE.*

Calice diphylle : quatre pétales : style nul ; stigmate en tête bifide : le fruit est une silique uniloculaire, polysperme : les graines sont munies d'une caroncule en forme de crête.

C. MAJUS. L.   *C. officinale.*

Pédoncules en ombelle : feuilles profondément pennatifides, à lobes obtus. ♃ Fr.

230. GLAUCIUM. T.   *GLAUCION.*

Fleur comme dans la chélidoine : silique biloculaire polysperme.

G. LUTEUM. Rich.   *G. jaune.*

Pédoncules uniflores : feuilles amplexicaules, sinuées : tige glabre. ♃ Fr.

231. PODOPHYLLUM. L. *PODOPHYLLE.*

Calice triphylle : neuf pétales : style nul ; stigmate en tête : baie uniloculaire, polysperme : trophosperme pariétal, unique.

P. PELTATUM.   *P. en bouclier.*

Tige portant une seule fleur entre deux feuilles peltées. ♃ Am. sept.

232. ACTÆA. L.   ACTÉE.

Calice quadriphylle décidu : style nul ; stigmate en tête : baie uniloculaire polysperme ; trophosperme pariétal unique.

A. CHRISTOPHORIANA.   *A. de Saint-Christophe.*

Feuilles deux fois ailées, à foliole terminale trilobée : grappe ovale : baie charnue ♃ Fr.

A. MACROSTACHIA. Mich.   *A. à long épi.*

Epi très-long, baie sèche. ♃ Am. sept.

ORDRE II.   DIGYNIE.

233. PÆONIA. T.   *PIVOINE.*

Calice pentaphylle persistant : cinq pétales très-grands : de deux à cinq ovaires libres, cotonneux, se changeant en autant de capsules uniloculaires, univalves, polyspermes, s'ouvrant longitudinalement du côté intérieur : graines endospermiques, colorées, luisantes, attachées à l'un et à l'autre bord de la valve.

P. OFFICINALIS. *P. officinale.*

Feuilles surcomposées, nues, à folioles lobées et à lobes lancéolés : capsule cotonneuse. ♃ Fr.

ORDRE III.   TRIGYNIE.

234. RESEDA. T.   *RESEDA.*

Calice à quatre ou six divisions : quatre ou six

pétales inégaux, frangés : capsule uniloculaire polysperme, béante au sommet ; trophospermes pariétaux.

R. LUTEOLA. L.   *R. gaude.*

Tige droite : feuilles entières, ondulées : calice quadrifide. ♂ Fr.

R. ODORATA. L.   *R. odorant.*

Feuilles entières et à trois lobes : calice aussi grand que les pétales. ⊙ Barb.

235. DELPHINIUM. T.
DAUPHINELLE.

Calice coloré quinquefide, éperonné : deux pétales munis chacun d'un éperon enfermé dans celui du calice : un ou trois styles : une ou trois capsules polyspermes, univalves, s'ouvrant lon-gitudinalement du côté intérieur ; trophosperme sutural : graines endospermiques.

D. CONSOLIDA. L.   *D. des champs.*

Fleurs monogynes : capsule simple, glabre. ⊙ Fr.

D. AJACIS. L.   *D. des jardins.*

Fleur monogyne (*in hortis sœpè bi vel tri-gyna, indè tot capsulæ*) : capsule simple, velue. ⊙ Eur.

D. STAPHYSAGRIA.   *D. staphysaigre.*

Fleurs trigynes : capsule triple, velue. ⊙ Fr.

236. ACONITUM. T. *ACONIT.*

Calice quinquephylle, la foliole supérieure relevée en casque : plusieurs petits pétales squammiformes inférieurs ; deux autres pétales supérieurs, longuement onguiculés, difformes et cachés sous le casque : trois ou cinq styles : trois ou cinq ovaires ; autant de capsules uniloculaires, univalves, s'ouvrant du côté intérieur, ayant le trophosperme sutural, et contenant plusieurs graines endospermiques.

A. NAPELLUS. *A. napelle.*

Fleurs trigynes, bleues : feuilles tripartites multifides, à découpures linéaires aiguës. ⚥ Fr.

A. LYCOCTONUM. L. *A. tue-loup.*

Fleurs trigynes, jaunes : feuilles palmées, multifides, pubescentes. ⚥ Fr.

A. CAMMARUM. L. *A. à grande fleur.*

Fleurs pentagynes, bleues : feuilles multifides, à divisions cunéiformes, incisées, velues. ⚥ Eur.

A. ANTHORA. L. *A. Anthore.*

Fleurs pentagynes jaunes : découpures des feuilles linéaires. ⚥ Fr.

ORDRE IV. PENTAGYNIE.

237. AQUILEGIA. T. *ANCOLIE.*

Calice pentaphylle : cinq pétales creusés en cornet : cinq ovaires entourés de dix écailles : cinq capsules polyspermes réunies par la base , et s'ouvrant comme dans les deux genres précédens.

A. VULGARIS.   *A. ordinaire.*

Cornets des pétales courbés : feuilles trilobées, à lobes pétiolés, tripartis, arrondis, légèrement dentés. ♃ Fr.

238. NIGELLA. T.   *NIGELLE.*

Calice pentaphylle, grand, coloré : cinq à huit pétales bilabiés, plus courts que le calice : cinq ou dix capsules polyspermes, libres ou réunies en une seule.

N. SATIVA. L.   *N. cultivée.*

Fleur pentagyne : capsule nue, muriquée. ☉ Fr.

N. DAMASCENA. L.   *N. de Damas.*

Fleur pentagyne : capsule lisse , entourée d'un involucre multifide à découpures capillaires. ☉ Fr.

ORDRE V.   POLYGYNIE.

239. HELLEBORUS. T.   *HELLÉBORE.*

Calice pentaphylle, grand ; plusieurs pétales beaucoup plus petits que le calice, tubuleux et bilabiés : plusieurs capsules polyspermes réunies à la base.

H. NIGER. L.   *H. noir.*

Hampe à une ou deux fleurs : calice persistant : feuilles pédiaires. ♃ Fr.

H. VIRIDIS. L.   *H. vert.*

Tige bifide : rameaux feuillés, biflores : calice persistant : feuilles digitées. ♃ Fr.

H. FOETIDUS. L.   *H. fétide.*

Tige multiflore, feuillée ; calice persistant : feuilles pédiaires. ♃ Fr.

240. RANUNCULUS. T.   *RENONCULE.*

Calice pentaphylle : cinq pétales munis sur l'onglet d'une écaille ou d'un pore mellifère : capsules nombreuses, monospermes, indéhiscentes.

R. FLAMMULA. L.   *R. petite douve.*

Feuilles ovales lancéolées, pétiolées : tige déclinée. ♃ Fr.

R. SCELERATUS. L.   *R. scélérate.*

Feuilles inférieures palmées ; feuilles supérieures digitées. ⊙ Fr.

R. BULBOSUS. L.   *R. bulbeuse.*

Calice réfléchi : pédoncule sillonné : tige droite, multiflore : feuilles composées. ♃ Fr.

R. AQUATILIS. L.   *R. aquatique.*

Feuilles submergées capillacées ; feuilles flottantes à trois ou cinq lobes cunéiformes. ♃ Fr.

241. FICARIA. T.　*FICAIRE.*

Calice triphylle, caduc : huit à neuf pétales munis d'écailles sur l'onglet : plusieurs capsules monospermes indéhiscentes.

F. CHELIDONIUM. Rich.　*F. hémorroïdale.*

Feuilles en cœur, anguleuses : tige uniflore. ♃ Fr.

242. CALTHA. T.　*POPULAGE.*

Calice composé d'au moins cinq feuilles colorées : corolle nulle : plusieurs capsules comprimées, polyspermes, s'ouvrant longitudinalement.

C. PALUSTRIS.　*P. des marais.*

Feuilles réniformes : tige multiflore. ♃ Fr.

243. THALICTRUM. T.　*PIGAMON.*

Calice de quatre ou cinq feuilles : corolle nulle : plusieurs capsules monospermes indéhiscentes.

T. FLAVUM.　*P. jaune.*

Tige feuillée, sillonnée : panicule multiple droite. ♃ Fr.

244. CLEMATIS. L.　*CLEMATITE.*

Calice à quatre ou cinq folioles : corolle nulle : plusieurs capsules monospermes indéhiscentes, terminées par une longue queue.

C. VITALBA. L.   *C. viorne.*

Feuilles ailées à folioles cordiformes grimpantes.
Fr.

245. ANEMONE. T.   *ANÉMONE.*

Involucre de deux ou trois feuilles : calice de
cinq folioles au moins : corolle nulle : plusieurs
capsules monospermes, indéhiscentes, mutiques
ou terminées en longue queue.

A. PULSATILLA. L.   *A. coquelourde.*

Feuilles deux fois ailées : involucre éloigné de
la fleur : fruits à longue queue plumeuse. ⅄ Fr.

A. NEMOROSA. L.   *A. des bois.*

Tige uniflore : feuilles trifides, à découpures
trifides et dentées : calice hexaphylle : fruits mutiques : involucre éloigné de la fleur. ⅄ Fr.

A. HEPATICA. L.   *A. hépatique.*

Feuilles trilobées : involucre triphylle, calici-
forme : calice hexaphylle : capsule mutique. ⅄ Fr.

246. ILLICIUM. L.   *BADIANE.*

Calice hexaphylle ; les trois folioles intérieures
plus étroites et pétaloïdes : vingt-sept pétales disposés sur trois rangs : plusieurs capsules rangées
en étoile, monospermes et bivalves.

I. FLORIDANUM.   *B. de la Floride.*

Fleur rouge. ♄ Flor.

247. MAGNOLIA. L. *MAGNOLIE.*

Calice triphylle : neuf pétales : capsules nombreuses, rapprochées en cône, persistantes, bivalves, uniloculaires et monospermes : chaque graine est revêtue d'une pulpe charnue, et pend, dans la maturité, au dehors de la capsule, au bout d'un long podosperme.

M. GLAUCA. *M. glauque.*

Feuilles ovales oblongues, glauques en dessous. ♄ Am. sept.

CLASSE XII. CALYCANDRIE.
ORDRE I. MONOGYNIE.

248. LYTHRUM. L. *SALICAIRE.*

CALICE cylindrique à douze dents : six pétales : douze étamines attachées au calice : capsule oblongue, entourée par le calice, biloculaire, polysperme.

L. SALICARIA. L. *S. commune.*

Feuilles lancéolées, échancrées en cœur à la base : fleurs rouges en épi terminal. ♃ Fr.

249. CERASUS. T. *CERISIER.*

Calice campanulé à cinq divisions : cinq pétales : drupe charnu , arrondi , luisant, à noyau mono ou disperme , lisse, n'ayant pas la suture saillante.

C. COMMUNIS.   *C. commun.*

Calice réfléchi : fleurs en corymbe : feuilles ovales en cœur, annuelles , légèrement velues en dessous; pétiole glanduleux. ♄ Fr.

C. MAHALEB.   *C. mahaleb.*

Fleurs en corymbe : calice étalé, pétiole nu : feuilles en cœur, glabres , annuelles. ♄ Fr.

C. LAUROCERASUS.   *C. laurier-amande.*

Fleurs en grappe : feuilles oblongues persistantes. ♄ Or.

250. PRUNUS. T.   *PRUNIER.*

Ce genre ne diffère du précédent que par son noyau à surface inégale et à suture tranchante, au moins d'un côté.

P. DOMESTICA. L.   *P. cultivé.*

Pédoncules solitaires ou géminés : feuilles ovales , lancéolées, pubescentes en dessous. ♄ Fr.

P. SPINOSA. L.   *P. épineux.*

Pédoncules solitaires : feuilles lancéolées , glabres : rameaux épineux. ♄ Fr.

251. ARMENIACA. T.   *ABRICOTIER.*

Fleur comme dans le cerisier : drupe pubescent, arrondi, marqué d'un sillon longitudinal, contenant un noyau comprimé, tranchant sur un bord et obtus sur l'autre.

A. SATIVA. T.   *A. cultivé.*

Fleurs presque sessiles : feuilles ovales en cœur, glabres. ♄ Arm.

252. AMYGDALUS. T.   *AMANDIER.*

Fleur du cerisier : drupe velu ovale ou arrondi, contenant un noyau poreux ou couvert de sillons anastomosés.

A. COMMUNIS. L.   *A. cultivé.*
Noyau poreux. ♄ Fr.

A. PERSICA. L.   *A. pêcher.*
Noyau couvert de sillons anastomosés. ♄ Per.

ORDRE II.   DIGYNIE.

253. AGRIMONIA. T.   *AIGREMOINE.*

Calice tubulé, hérissé, à cinq lobes : cinq pétales : deux fruits monospermes, enfermés dans le calice.

A. EUPATORIUM.   *A. officinalis.*

Feuilles ailées, à folioles ovales oblongues : épi pédonculé. ♃ Fr.

254. CRATÆGUS. T.   *ALISIER.*

Calice turbiné, à cinq lobes : cinq pétales insérés à l'orifice du calice : ovaires adnés au fond du tube calicinal, qui devient charnu, recouvre les ovaires et constitue une pomme à deux loges cartilagineuses ou osseuses, contenant chacune deux pepins.

Obs. M. Richard est le premier botaniste qui ait reconnu des ovaires pariétaux dans les cratægus et les cinq genres suivans.

C. TORMINALIS. L. *A. des bois.*

Feuilles en cœur ovale, dentées en scie, lobées, à lobes inférieurs divergens, aigus : fleurs en corymbe. ♄ Fr.

C. ARIA. *A. allouchier.*

Feuilles ovales dentées, cotonneuses en dessous : fleurs en corymbe. ♄ Fr.

C. OXYACANTHA. *A. aube-épine.*

Tige épineuse : feuilles glabres, découpées en lobes oblongs : fleurs en corymbe. ♄ Fr.

ORDRE. III. TRIGYNIE.

255. SORBUS. T. *SORBIER.*

Calice, pétales, étamines comme dans le *cratægus* : fruit triloculaire, contenant deux pepins dans chaque loge.

S. AUCUPARIA. *S. des oiseleurs.*

Feuilles ailées, glabres des deux côtés. ♄ Fr.

S. DOMESTICA. *S. domestique.*

Feuilles ailées, velues en dessous. ♄ Fr.

ORDRE IV.   PENTAGYNIE.

256. MESPILUS. T.   *NÉFLIER.*

Calice, pétales, étamines comme dans le *cratægus* : les cinq loges du fruit changées en cinq osselets à une ou deux graines.

M. COTONEASTER. L.   *N. cotonéastre.*

Feuilles ovales entières, cotonneuses en dessous : fleurs latérales. ♄ Fr.

M. GERMANICA. L.   *N. cultivé.*

Feuilles lancéolées, cotonneuses en dessous : fleurs solitaires terminales. ♄ Fr.

Obs. Le nombre des styles varie tellement dans les cratægus et les mespilus, qu'il seroit plus commode de rapporter aux mespiles tous les fruits à osselets, et aux cratægus tous ceux qui ne sont que cartilagineux.

257. MALUS. T.   *POMMIER.*

Calice renflé à la base, tubulé, évasé en un limbe à cinq découpures lancéolées, roulées en dehors : cinq pétales velus à la base : étamines rapprochées en gerbe : styles réunis par la base : fruit charnu, à loges cartilagineuses, renfermant chacune deux pepins.

M. COMMUNIS.   *P. cultivé.*

Feuilles denticulées, cotonneuses en dessous. ♄ Fr.

258. PYRUS. T. *POIRIER.*

Calice du pommier : pétales glabres : étamines éloignées : styles libres : fruit du pommier.

P. COMMUNIS. *P. cultivé.*

Feuilles glabres, denticulées. ♄ Fr.

259. CYDONIA. T. *COIGNASSIER.*

Fleur du pommier : le fruit ne diffère de la pomme et de la poire qu'en ce qu'il contient plus de deux pepins dans chaque loge.

C. VULGARIS. *C. cultivé.*

Feuilles entières : fleurs terminales solitaires, sessiles. ♄ Fr.

260. SPIRÆA. T. *SPIRÆA.*

Calice à cinq divisions : cinq pétales : de trois à douze capsules s'ouvrant du côté intérieur, et contenant chacune d'une à trois graines.

S. SALICIFOLIA. L. *S. à feuilles de saule.*

Feuilles lancéolées, obtuses, dentées : grappe terminale. ♄ Sib.

S. FILIPENDULA. L. *S. filipendule.*

Feuilles ailées avec interruption : folioles linéaires, lancéolées, dentées, très-glabres : fleurs en cime. ♃ Fr.

6

S. ULMARIA. L.   *S. ulmaire.*

Feuilles ailées avec interruption : folioles ovales, surdentées, blanches en dessous : fleurs en cime. ♃ Fr.

S. ARUNCUS.   *S. à grappe.*

Feuilles surcomposées : épi paniculé : fleurs dioïques. ♃ Fr.

ORDRE V.   DODÉCAGYNIE.

261. SEMPERVIVUM. L.   *JOUBARBE.*

Calice à douze divisions : douze pétales : douze capsules polyspermes.

S. TECTORUM.   *J. commune.*

Feuilles ciliées, étalées, ainsi que celles des caïeux : tige droite : fleurs purpurines. ♃ Fr.

ORDRE VI.   POLYGYNIE.

262. GEUM. L.   *BENOITE.*

Calice campanulé (à dix divisions. Lin.), à cinq divisions et à cinq bractées extérieures alternes avec les divisions (Rich.) : cinq pétales : capsules nombreuses, monospermes, indéhiscentes, terminées par une longue arête courbée en hameçon.

G. URBANUM. L.   *B. officinale.*

Fleur droite, arête nue. ♃ Fr.

G. RIVALE. L.   B. des ruisseaux.

Fleur penchée : arête à moitié velue. ♃ Fr.

263. TORMENTILLA. T. *TORMENTILLE.*

Calice à quatre divisions et à quatre bractées extérieures : quatre pétales : capsules nombreuses, arrondies, monospermes.

T. ERECTA. L.   *T. droite.*

Tige droite ou diffuse : feuilles sessiles. ♃ Fr.

264. POTENTILLA. L.   *POTENTILLE.*

Calice à cinq divisions et à cinq bractées alternes : cinq pétales : le reste comme dans la tormentille.

P. REPTANS. L.   *P. rampante.*

Feuilles quinées : tige rampante : pédoncule uniflore. ♃ Fr.

P. ANSERINA. L.   *P. argentine.*

Feuilles ailées avec interruption, soyeuses en dessous : tige rampante : pédoncule uniflore. ♃ Fr.

265. FRAGARIA. T.   *FRAISIER.*

Calice, pétales, étamines, pistils comme dans la potentille ; mais ici le réceptacle des ovaires devient grand, charnu, et constitue la fraise proprement dite.

6.

F. VESCA.   *F. commun.*

Calice fructifère renversé. ♃ Fr.

266. RUBUS. T.   *RONCE.*

Calice étalé, à cinq divisions : cinq pétales : les ovaires se changent en autant de petites baies monospermes qui se greffent le plus souvent les unes aux autres, et constituent ainsi une baie composée.

R. IDÆUS.   *R. framboisier.*

Tige droite, aiguillonnée, bisannuelle : feuilles à cinq ou à trois folioles blanchâtres en dessous : pétiole canaliculé. ♃ Fr.

R. VULGARIS. Rich.   *R. ordinaire.*

Tige sarmenteuse, anguleuse, aiguillonnée, bisannuelle : feuilles digitées, à trois ou cinq folioles. ♃ Fr.

267. ROSA. T.

Calice urcéolé, tubulé, à cinq divisions entières ou laciniées : cinq pétales insérés à l'orifice du calice : ovaire nombreux, attaché au fond et à la paroi du calice, muni chacun d'un style basilaire. Ces ovaires se changent en autant de capsules monospermes, indéhiscentes et velues, enfermées dans le calice qui grandit et devient charnu.

R. CANINA. L.   *R. de chien.*

Tige et pétiole aiguillonnés : fruit et pédoncule glabres. ♄ Fr.

R. CENTIFOLIA. L.   *R. à cent feuilles.*

Tige aiguillonnée : pétiole nu : fruit et pédoncule hispides. ♄ Fr.

R. RUBIGINOSA. L.   *R. glanduleux.*

Tige et pétiole aiguillonnés : fruit glabre : pédoncule hispide. ♄ Fr.

CLASSE XIII. HYSTÉRANDRIE.
ORDRE I.   MONOSTIGMATIE.

---

268. ASARUM. T.   *CABARET.*

Calice à trois ou quatre divisions persistantes : corolle nulle : douze étamines ; anthères adnées au milieu des filets : stigmate étoilé : capsule à six loges polyspermes.

A. EUROPÆUM.   *C. d'Europe.*

Feuilles réniformes obtuses. ♃ Fr.

269. MYRTUS. T.   *MYRTE.*

Calice quinquefide : cinq pétales : ovaire biloculaire, polysperme : baie le plus souvent uniloculaire, à une, deux ou trois graines.

M. COMMUNIS.   *M. commun.*

Fleurs solitaires : involucre diphylle. ♄ Fr.

270. EUGENIA. Micheli.   *EUGENIA.*

Calice quadrifide : quatre pétales : le reste comme dans le myrte.

E. JAMBOS. L.   *E. pomme-rose.*

Feuilles entières lancéolées : fleurs en grappe terminale. ♄ Ind.

271. CARYOPHYLLUS. Clu. *GIROFLIER.*

Calice oblong, infundibuliforme, quadrifide : quatre pétales : drupe sec, ovale, monosperme.

C. AROMATICUS. L.   *G. du commerce.*

Feuilles obovales : pédoncule trifide, multiflore. ♄ Ind.

Obs. Le clou de girofle est le bouton de la fleur de cet arbre.

272. PSIDIUM. L.   *GOYAVIER.*

Calice à quatre ou cinq divisions : quatre ou cinq pétales : baie à quatre ou cinq loges polyspermes.

P. GOYAVA. Rich.   *G. ordinaire.*

Rameaux tétragones : feuilles oblongues entières : fleurs solitaires ou ternées. ♄ Ind.

Obs. Les psidium pyriferum et pomiferum de Linné ne sont autre chose que cette espèce.

273. PUNICA. T.   *GRENADIER.*

Calice turbiné à cinq ou six divisions : cinq ou six pétales : pomme très-grosse, couronnée, divisée intérieurement en neuf loges, dont cinq supérieures et quatre inférieures : les graines, nombreuses, anguleuses, sont revêtues d'une arille pulpeuse et colorée.

P. GRANATUM. L.   *G. commun.*

Rameaux tétragones : feuilles lancéolées, légèrement ondulées. ♄ Esp.

ORDRE II.   TÉTRASTIGMATIE.

274. SYRINGA. T.   *SYRINGA.*

Calice turbiné, quadrifide : quatre pétales : style unique, divisé en quatre stigmates : capsule ovale, semi-adhérente, à quatre valves, à quatre loges polyspermes.

S. VULGARIS. Gært.   *S. ordinaire.*

Feuilles dentées : fleurs terminales. ♄ Fr.

ORDRE III.   PENTASTIGMATIE.

275. PORTULACA. T.   *POURPIER.*

Calice bifide persistant : cinq pétales : capsule uniloculaire, polysperme, s'ouvrant circulairement ; trophosperme central libre, couvert de graines endospermiques et dont l'embryon est périphérique.

P. OLERACEA.   *P. cultivé.*

Feuilles cunéiformes, rapprochées, lisses : fleurs sessiles. ⊙ Fr.

276. MESEMBRYANTHEMUM. L.
FICOIDE.

Calice quinquefide persistant : pétales nombreux, linéaires, disposés sur plusieurs rangs : de quatre à dix stigmates : capsule charnue, ombiliquée, divisée en autant de loges polyspermes qu'il y avoit de stigmates.

M. CRISTALLINUM.   *F. glaciale.*

Feuilles inférieures cunéiformes opposées : feuilles raméales, alternes, ondulées, ovales, couvertes, ainsi que les rameaux, de papilles transparentes et aqueuses. ⊙ Af.

ORDRE IV.   POLYSTIGMATIE.

277. CACTUS. L.   *CACTE.*

Calice s'élevant au-dessus de l'ovaire, en un tube plus ou moins long, multifide et couvert d'écailles : pétales en nombre déterminé : un seul style divisé en plusieurs stigmates : baie charnue, uniloculaire, polysperme ; trophospermes pariétaux.

C. OPUNTIA. L. *Cacte raquette.*

Tige articulée, prolifère; articulations ovales, munies d'épines sétacées. ♄ Am. mér.

C. FLAGELLIFORMIS. L. *C. serpentin.*

Tige rampante, à dix angles peu saillans. ♄ Am. mér.

C. MAMILLARIS. L. *C. mamillaire.*

Tige semi-ovale, couverte de tubercules ovales barbus. ♄ Am. mér.

Obs. Linné a avancé que le C. melocactus étoit monocotylédon; moi, je me suis assuré par la germination, que le C. mamillaris est acotylédon, et le C. triangularis dicotylédon. Au reste, ces différences n'ont rien de surprenant pour ceux qui savent combien sont disparates les plantes qu'on range aujourd'hui sous le nom générique *Cactus.*

CLASSE XIV. DIDYNAMIE.
ORDRE I. TOMOGYNIE.

278. MELISSA. T. *MÉLISSE.*

Calice évasé, plane en dessus : corolle bilabiée; lèvre supérieure droite voûtée, arrondie, bifide; lèvre inférieure trifide, à découpure intermédiaire plus grande, cordiforme.

6*

M. OFFICINALIS. L.   *M. officinale.*

Tige rameuse : feuilles ovales, dentées, aigues ;
fleurs disposées en demi-verticilles : calice à gorge
nue. ♃ Fr.

M. CALAMINTHA. L.   *M. calament.*

Tige rameuse : feuilles ovales, obtuses, finement
dentées , velues ainsi que la tige : pédoncules axillaires, dichotomes , multiflores, aussi longs que les
feuilles : calice à gorge velue. ♃ Fr.

Obs. Cette plante est placée parmi les thyms dans
a *Flore françoise.*

279. THYMUS. T. *THYM.*

Orifice du calice fermé par des poils ; limbe
bilabié , tridenté en dessus et bifide en dessous :
corolle courte ; à lèvre supérieure échancrée , à
lèvre inférieure trilobée ; le lobe intermédiaire
plus grand, entier ou échancré.

T. VULGARIS. L.   *T. ordinaire.*

Tige droite , rameuse , sous-ligneuse : feuilles
ovales ou oblongues entières : fleurs en épi ver-
ticillé : grande division de la lèvre inférieure de
la corolle entière. ♄ Fr.

T. ACINOS. L.   *T. acinos.*

Tige droite ou diffuse : feuilles oblongues, aiguës et dentées : verticilles de six fleurs : grande
découpure de la lèvre inférieure de la corolle
échancrée. ☉ ♂ Fr.

T. SERPILLUM. *T. serpolet.*

Tige rampante : feuilles planes, obtuses, ciliées
à la base : fleurs en tête : grande division de la
lèvre inférieure de la corolle entière. ♃ Fr.

280. ORIGANUM. T. *ORIGAN.*

Calice bilabié ou à cinq dents : corolle bilabiée à tube comprimé : lèvre supérieure droite,
échancrée; lèvre inférieure à trois divisions presque égales.

O. MAJORANA. Desf. *O. marjolaine.*

Tige droite, rameuse : feuilles pétiolées, elliptiques, obtuses, cotonneuses : épis arrondis, pédonculés et ramassés au sommet des tiges : calice
bilabié. ♄ Barb.

Obs. Selon Willdenow, cette plante n'est pas l'*ori-
ganum majorana* de Linné.

O. DICTAMNUS. L. *O. dictamne de Crète.*

Tige droite, rameuse : feuilles ovales, arrondies, très-drapées : épis lâches, très-longs, souvent pendans; bractées deux fois plus longues que
le calice, qui est à cinq dents et fermé par des
poils. ♄ Fr. mér.

O. VULGARE. L. *O. commun.*

Tige droite : feuilles ovales : épis arrondis, disposés en panicule resserrée : bractées ovales, plus
longues que le calice, qui est fermé par des poils.
♃ Fr.

281. CLINOPODIUM. T. *CLINOPODE.*

Calice labié, à gorge nue : gorge de la corolle détalée; lèvre supérieure droite, échancrée; lèvre inférieure trifide, à découpures intermédiaires plus grandes, échancrées.

C. VULGARE. L. *C. commun.*

Tige diffuse, velue : feuilles munies de quelques dents : tête arrondie, poilue, garnie de bractées sétacées. ⚥ Fr.

282. DRACOCEPHALUM. T. *DRACOCÉPHALE.*

Calice bilabié : corolle bilabiée, à gorge enflée; lèvre supérieure voûtée, entière; lèvre inférieure à trois divisions, dont les deux latérales sont courtes et droites.

D. MOLDAVICUM. L. *D. de Moldavie.*

Feuilles ovales lancéolées : fleurs verticillées, garnies de bractées à dents ciliées. ☉

283. BRUNELLA. T. *BRUNELLE.*

Filamens des étamines bifurqués, l'une des pointes portant l'anthère.

B. VULGARIS. L. *B. commune.*

Tige ascendante : feuilles ovales, oblongues, dentées à la base : lèvre supérieure du calice tronquée, à trois arêtes. ⚥ Fr.

284. SCUTELLARIA. L. *SCUTELLAIRE.*

Calice labié , fermé par un opercule après la floraison.

S. ALPINA. L. *S. des Alpes.*

Feuilles en cœur, profondément dentées : épis imbriqués , arrondis : bractées une fois plus courtes que la fleur. ♃ Fr.

S. GALERICULATA. L. *S. toque.*

Feuilles en cœur, lancéolées , crénelées : fleurs axillaires , géminées. ♃ Fr.

285. OCYMUM. T. *BASILIC.*

Lèvre supérieure du calice grande et orbiculaire ; lèvre inférieure quadrifide : corolle renversée , à tube court, bilabiée; l'une des lèvres plus longue, indivise , crénelée; l'autre quadrilobée : deux filamens appendiculés à la base.

O. BASILICUM. L. *B. commun.*

Feuilles ovales , obtuses , planes , glabres, entières : calice cilié. ☉ Cey.

286. TEUCRIUM. T. *GERMANDREE.*

Lèvre supérieure de la corolle nulle ; lèvre inférieure à cinq lobes.

T. CHAMÆDRIS. L. *G. petit chéne.*

Tige diffuse , velue; feuilles obovales , incisées, crénelées, pétiolées : fleurs ternées. ♃ Fr.

T. SCORODONIA. L. G. *des bois.*

Tige droite : feuilles en cœur, légèrement pubescentes, dentées, pétiolées : grappes axillaires, unilatérales. ♃ Fr.

T. SCORDIUM. L. G. *aquatique.*

Tige diffuse, pubescente : feuilles oblongues, sessiles, dentées, un peu luisantes : fleurs axillaires pédonculées et géminées. ♃ Fr.

T. MARUM. L. G. *marum.*

Tige grêle, droite, rameuse : feuilles ovales, aiguës, très-entières, cotonneuses en dessous : fleurs en grappes unilatérales. ♃ Fr.

T. POLIUM. G. *polion.*

Tige étalée : feuilles lancéolées, oblongues, obtuses, crénelées, cotonneuses : fleurs en têtes arrondies, pédonculées. ♃ Fr.

T. CHAMÆPYTIS. L. G. *chamépyte.*

Tige diffuse : feuilles trifides : fleurs axillaires, solitaires, plus courtes que les feuilles. ☉ Fr.

Obs. Cette plante est reportée au genre suivant dans la *Flore françoise.*

287. BUGULA. T. *BUGLE.*

Lèvre supérieure de la corolle très-courte, à deux dents.

B. REPTANS. B. *rampante.*

Épi droit : stolons traçans. ♃ Fr.

288. GLECHOMA. L.
LIERRE-TERRESTRE.

Anthères rapprochées par paires, et disposées en croix.

G. HEDERACEA.   L. officinale.

Feuilles réniformes, crénelées : tige rampante. ♃ Fr.

289. LAMIUM. T.   LAMIER.

Lèvre supérieure de la corolle entière, voûtée; lèvre inférieure plus courte, bilobée; deux petites dents latérales.

L. ALBUM.   L. blanc.

Feuilles en cœur, acuminées, dentées en scie, pétiolées : fleurs verticillées. ♃ Fr.

290. STACHIS. T.   EPIAIRE.

Lèvre supérieure de la corolle voûtée, échancrée; lèvre inférieure trilobée, à lobes latéraux, réfléchis : étamines rejetées sur les côtés après la floraison.

S. SYLVATICA. L.   E. des bois.

Tige droite : feuilles en cœur, ovales, pétiolées: verticilles de six fleurs. ♃ Fr.

291. SIDERITIS. T.   CRAPAUDINE.

Lèvre supérieure de la corolle linéaire, entière

ou échancrée : étamines incluses : le plus long stigmate enveloppé à la base par le plus court.

S. canariensis. L.   *C. des Canaries.*

Tige droite, rameuse, velue ; feuilles en cœur oblong, aiguës, pétiolées ; épis verticillés, penchés avant la floraison. ♄ Canar.

292. BETONICA. T.   *BETOINE.*

Calice à cinq dents aiguës : tube de la corolle courbé ; lèvre supérieure entière, presque plane ; lèvre inférieure trifide.

B. officinalis. L.   *B. officinale.*

Fleurs en épi interrompu : découpure intermédiaire de la lèvre inférieure de la corolle échancrée. ♃ F.

293. MOLUCELLA. L.   *MOLUCELLE.*

Calice campanulé, plus grand que la corolle, à dents épineuses.

M. lævis. L.   *M. lisse.*

La plupart des calices à cinq dents épineuses. ☉ Syr.

294. MARRUBIUM. T.   - *MARRUBE.*

Calice à dix stries, à cinq dents : lèvre supérieure de la corolle à deux divisions étroites : lèvre inférieure trifide.

M. pseudodictamnus. L.   *M. faux-dictamne.*

Tige rameuse : feuilles en cœur, cotonneuses : limbe calicinal très-grand, plane, velu. ♄ Cr.

M. vulgare. L.   *M. blanche.*

Fleurs en verticilles globuleux, distans : dents du calice courbées en hameçon. ♄ Fr.

295. BALLOTA. L.   *BALLOTE.*

Calice pentagone, à dix stries, à cinq dents divergentes : lèvre supérieure de la corolle concave, crénelée ; lèvre inférieure trifide.

B. nigra. L.   *B. noire.*

Feuilles en cœur, dentées en scie : dents calicinales, aiguës. ⚥ Fr.

296. LEONURUS. L.   *AGRIPAUME.*

Lèvre supérieure de la corolle concave, velue, entière ; lèvre inférieure à trois divisions presque égales : anthères parsemées de points brillans.

L. cardiaca.   *A. cardiaque.*

Tige droite : feuilles inférieures trilobées ; feuilles supérieures entières : division intermédiaire de la lèvre inférieure de la corolle aiguë. ⚥ Fr.

297. NEPETA. L.   *NEPETA.*

Tube de la corolle long et courbé : lèvre supérieure échancrée ; lèvre inférieure trifide, à découpure intermédiaire grande, concave, crénelée.

N. CATARIA. L.   *N. cataire.*

Tige droite : feuilles cordiformes, dentées, pétiolées ; fleurs en épis composés de verticilles in-
complets pédicillés. ♃ Fr.

298. MELITIS. L.   *MELITE.*

Calice turbiné, grand, trifide, inégalement bilabié : tube de la corolle n'emplissant pas le calice ;
limbe dilaté, bilabié ; lèvre supérieure entière,
plane ; lèvre inférieure à trois grandes divisions
inégales.

M. MELISSOPHYLLUM. L. *M. à feuilles de mélisse.*

Tige simple : feuilles ovales, velues, crénelées :
fleurs axillaires, pédonculées. ♃ Fr.

299. HYSSOPUS. T.   *HYSSOPE.*

Tube de la corolle de la longueur du calice ;
lèvre supérieure courte, échancrée ; lèvre inférieure trilobée, à lobe intermédiaire plus grand,
crénelé, obcordé : étamines distantes.

H. OFFICINALIS.   *H. officinal.*

Tige droite : feuilles lancéolées : fleurs verticillées, disposées en grappe unilatérale. ♃ Fr.

300. SATUREIA. T.   *SARRIETTE.*

Calice strié : corolle à cinq lobes, presque
égaux : étamines distantes.

S. HORTENSIS. L. *S. des jardins.*

Tige droite, très-rameuse : feuilles linéaires entières : calice campanulé : pédoncule axillaire, biflore. ⊙

S. MONTANA. L. *S. des montagnes.*

Tige droite, rameuse : feuilles linéaires, entières, mucronées : pédoncules axillaires, multiflores. ♃ Fr.

301. MENTHA. T. *MENTHE.*

Corolle un peu plus longue que le calice, à quatre lobes presque égaux : étamines distantes.

M. CRISPA. L. *M. crépue.*

Fleurs en tête : feuilles en cœur, sessiles, dentées, ondulées : étamines de la longueur de la corolle. ♃ Fr.

M. PIPERITA. L. *M. poivrée.*

Fleurs en tête : feuilles ovales, pétiolées : étamines plus courtes que la corolle. ♃ Fr.

M. GENTILIS. L. *M. des jardins.*

Fleurs verticillées : feuilles ovales, aiguës, dentées en scie : étamines plus courtes que la corolle. ♃ Fr.

M. PULEGIUM. L. *M. pouliot.*

Fleurs verticillées : feuilles ovales, obtuses, un peu crénelées : tige presque cylindrique, rampante : étamines plus longues que la corolle. ♃ Fr.

M. ROTUNDIFOLIA. L. *M. à feuilles arrondies.*

Épis oblongs : feuilles arrondies, rugueuses, crénelées, sessiles. ♃ Fr.

Obs. On considère la menthe crépue comme une variété de celle-ci.

302. LAVANDULA. T.   *LAVANDE.*

Calice ovale, à peine denté, entouré de bractées : corolle renversée : étamines incluses.

L. SPICA. L.   L. *officinale.*

Feuilles linéaires, sessiles, à bord roulé en dessous ; épis nus, interrompus. ♃ Fr.

L. STÆCHAS.   L. *stæchas.*

Feuilles sessiles, linéaires, cotonneuses, très-entières : épi resserré, surmonté de plusieurs feuilles : bractées trilobées. ♃ Fr.

ORDRE II.   ATOMOGYNIE.

303. VERBENA. T.   *VERVEINE.*

Calice quinquefide : corolle à cinq lobes inégaux : péricarpe utriculaire, à peine apparent, unissant les quatre graines.

V. OFFICINALIS. L.   *V. officinale.*

Tige droite ou diffuse, effilé : feuilles multifides : épis filiformes, paniculés. ♃ Fr.

304. LIPPIA. L.   *LIPPIE.*

Calice de deux à cinq divisions : corolle à quatre ou cinq lobes inégaux : étamines incluses : capsule à deux loges, à deux valves et à deux graines.

L. ASPERIFOLIA. Rich.   *L. à feuilles rudes.*

Verbena globiflora L'Hér.

Fleurs en têtes ovales : feuilles lancéolées, cré-nelées, rugueuses et rudes au toucher. ♄ Am. mér.

305. LANTANA. L.   *LANTANA.*

Calice court, à quatre dents : corolle à quatre lobes inégaux : stigmate crochu : drupe à deux loges dispermes.

L. INVOLUCRATA. L.   *L. monjoli.*

Tige sans épines : feuilles ovales, obtuses : fleurs en têtes axillaires, presque ombellées, munies d'un involucre feuillé. ♄ Am. mér.

L. ACULEATA. L.   *L. épineux.*

Tige aiguillonnée : feuilles ovales en cœur, ai-guës : fleurs en têtes axillaires. ♄ Am. mér.

306. VOLKAMERIA. L.   *VOLKAMÈRE.*

Calice turbiné, à cinq divisions : corolle longue, à cinq divisions étalées, inégales : étamines sail-lantes : drupe contenant deux osselets biloculaires et dispermes.

V. ACULEATA. L.   *V. épineux.*

Support des pétioles saillant et presque épineux. ♄ Am. mér.

3o7. VITEX. T.   *GATILIER.*

Calice à cinq dents : corolle à six lobes inégaux : étamines saillantes : baie à quatre loges mono-spermes.

V. AGNUS-CASTUS. L.   *G. commun.*

Feuilles digitées, dentées : épis verticillés. ♄ Ital.

3o8. CAPRARIA. L.   *CAPRAIRE.*

Calice à cinq divisions : corolle campanulée, à cinq divisions aiguës : capsule bivalve, poly-sperme.

C. BIFLORA. L.   *C. à deux fleurs.* ✻

Feuilles alternes : fleurs géminées. ♄ Am. mér.

3o9. SCROPHULARIA. T. *SCROPHULAIRE.*

Calice à cinq lobes : corolle globuleuse, à limbe resserré, bilabié ; lèvre supérieure, bifide et mu-nie le plus souvent d'un appendice en dedans : lèvre inférieure trifide : capsule ovale.

S. NODOSA. L.   *S. noueuse.*

Feuilles en cœur, lancéolées, aiguës, dentées : tige à angles obtus. ♃ Fr.

S. AQUATICA. L. *S. aquatique.*

Feuilles en cœur, obtuses, pétiolées : tige à angles aigus : grappe terminale. ♃ Fr.

310. DIGITALIS. T. *DIGITALE.*

Calice à cinq folioles inégales : corolle campanulée, à quatre lobes inégaux : capsule ovale.

D. PURPUREA. *D. pourpre.*

Folioles calicinales, ovales, aiguës : divisions de la corolle obtuses. ♂ Fr.

311. ANTIRRHINUM. T. *LINAIRE.*

Calice à cinq feuilles inégales : corolle éperonnée ou bosselée postérieurement, bilabiée, à palais proéminent : capsule polysperme, à plusieurs ouvertures au-dessous du sommet.

A. MAJUS. *L. mufle de veau.*

Feuilles lancéolées, alternes : fleurs en grappe presque unilatérale : corolle bosselée postérieurement. ♃ Fr.

A. LINARIA. L. *L. commune.*

Feuilles lancéolées, linéaires, alternes, rapprochées : tige droite : épi terminal, sessile : fleurs éperonnées. ♃ Fr.

A. SPURIUM. L. *L. velvote.*

Feuilles ovales, alternes : tige couchée. ⊙ Fr.

A. CYMBALARIA. L.   *L. cymbalaire.*

Feuilles en cœur, à cinq lobes alternes ; tige tombante. ♃ Fr.

312. EUPHRASIA. T.   *EUPHRAISE.*

Calice quadrifide : corolle tubuleuse , bilabiée : lèvre supérieure échancrée ; lèvre inférieure à trois lobes égaux : les deux anthères inférieures ont l'un de leurs lobes acuminé à la base : capsule ovale comprimée , biloculaire, polysperme , loculiscide.

E. OFFICINALIS.   *E. officinale.*

Tige droite, rameuse : feuilles ovales , bordées de dents aiguës : découpures calicinales subulées. ⊙ Fr.

313. RHINANTHUS. L.   *COCRÈTE.*

Calice ventru , quadrifide : corolle bilabiée : lèvre supérieure relevée en casque ; lèvre inférieure plane, à trois lobes : capsule comprimée , biloculaire , polysperme , loculiscide.

R. CRISTA-GALLI.   *C. des prés.*

Lèvre supérieure de la corolle plus courte et comprimée. ⊙ Fr.

Obs. On réunit sous ce nom deux plantes des environs de Paris, qui diffèrent entre elles , en ce que l'une a le calice glabre, et que l'autre l'a velu. L'auteur de la *Flore françoise* en fait deux espèces distinctes.

314. MELAMPYRUM. T. *MELAMPYRE.*

Calice tubuleux, quadrifide : corolle tubuleuse, bilabiée ; lèvre supérieure creusée en casque, à bord replié ; lèvre inférieure sillonnée et trifide : capsule oblongue, obliquement aiguë, comprimée, biloculaire, à loges monospermes.

M. ARVENSE. L. *M. des champs.*

Épi conique, lâche : bractées colorées, bordées de dents sétacées. ⊙ Fr.

M. PRATENSE. L. *M. des prés.*

Feuilles éloignées deux à deux : fleurs unilatérales : corolle fermée. ⊙ Fr.

315. PEDICULARIS. T. *PÉDICULAIRE.*

Calice ventru, quinquefide : corolle tubuleuse, bilabiée ; lèvre supérieure creusée en casque, comprimée, échancrée ; lèvre inférieure plane, à trois lobes : capsule arrondie, comprimée.

P. PALUSTRIS. L. *P. des marais.*

Tige rameuse : feuilles ailées, à folioles lancéolées, pennatifides : calice ovale, enflé, divisé en deux lèvres découpées en forme de crête. ♂ Fr.

316. ACANTHUS. T. *ACANTHE.*

Calice à quatre divisions ; les deux latérales plus courtes : corolle à tube court, fermé par des poils ; lèvre supérieure nulle ; lèvre inférieure

7

très-grande, à trois lobes : capsule ovale, biloculaire, bivalve, loculiscide et axifrage : chaque
loge contient une ou deux graines dénuées de pé-
risperme.

A. MOLLIS. L.　　*A. commune.*

Feuilles sinueuses, sans épines. ⁊ Fr.

317. CRESCENTHIA. L.　*CALEBASSIER.*

Calice bifide : corolle campanulée ; limbe inégal, quinquefide. Le fruit est une grosse baie indéhiscente, à écorce solide : elle contient beaucoup de graines aplaties, répandues dans une
pulpe charnue.

C. CUJETE. L.　　*C. commun.*

Feuilles en lance élargie au sommet. ⁊ Am. mér.

CLASSE XV. TÉTRADYNAMIE.
ORDRE I.　·　SILICULEUSES.

318. LEPIDIUM. T.　*PASSERAGE.*

CALICE quadriphylle, étalé : quatre pétales
égaux : silicule ovale, comprimée, entière ou
échancrée au sommet, biloculaire, à loges monospermes.

L. LATIFOLIUM. L.　　*P. à larges feuilles.*

Tige droite : feuilles ovales, lancéolées, dentées
en scie : silicule terminée en pointe.

L. sativum. L. *P. cresson alénois.*

Tige droite : feuilles multifides, oblongues : silicule échancrée. ⊙

Obs. Cette plante est reportée au genre suivant dans la *Flore françoise.*

319. THLASPI. T. *TABOURET.*

Calice étalé, pétales égaux : silicule comprimée, triangulaire ou suborbiculaire, échancrée au sommet, biloculaire, à loges polyspermes.

T. arvense. L. *T. monnoyère.*

Feuilles oblongues, dentées, glabres : silique orbiculaire, grande et très-comprimée. ⊙ Fr.

T. bursa pastoris. L. *T. bourse à pasteur.*

Feuilles radicales pennatifides, silicule triangulaire. ⊙ Fr.

320. IBERIS. L. *IBERIDE.*

Calice étalé : deux pétales plus grands que les deux autres : silicule ovale, comprimée, échancrée au sommet.

I. semperflorens. L. *I. toujours fleurie.*

Tige ascendante : feuilles spathulées, glabres, très-entières, obtuses. ♃ Or.

321. ALYSSUM. T. *ALYSSE.*

Calice connivent : quelques filets d'étamines

7.

dentées : silicule comprimée, orbiculaire, non échancrée.

A. SAXATILE. L. *A. corbeille d'or.*

Tige très-rameuse, diffuse, paniculée : feuilles lancéolées, très-douces, ondulées, entières. ♄ Cr.

322. COCHLEARIA. T. *COCHLÉARIA.*

Calice entr'ouvert, à folioles concaves : pétales étalés : silicule arrondie et acuminée par le style, à valves très-convexes, âpres ou rugueuses.

C. OFFICINALIS. L. *C. officinale.*

Feuilles radicales en cœur arrondi : feuilles caulinaires, oblongues, légèrement sinueuses : silicule globuleuse. ♂

C. ARMORACIA. L. *C. grand raifort.*

Feuilles radicales lancéolées, crénelées : feuilles caulinaires, incisées. ♃ Fr.

C. CORONOPUS. L. *C. corne de cerf.*

Tige couchée, pressée contre terre : feuilles pennatifides : fruit rugueux, indéhiscent. ☉ ♂

Obs. Cette plante constitue un genre sous le nom de *coronopus*, dans Tournefort, dans Gærtner et dans la *Flore françoise.*

323. CRAMBE. T. *CRAMBE.*

Les quatre grands filamens fourchus au sommet : silicule globuleuse, monosperme, indéhiscente.

C. MARITIMA. L. *C. maritime.*

Feuilles pennatifides, incisées, dentées, glabres ainsi que la tige. ♃ Fr.

324. MYAGRUM. T. *CAMELINE.*

Calice un peu étalé : pétales onguiculés : silicule ovale ou globuleuse, polysperme, acuminée par le style.

M. SATIVUM. L. *C. cultivée.*

Tige droite : feuilles amplexicaules, velues : silicule obovale, entourée d'un petit rebord. ⊙ Fr.

325. ISATIS. T. *PASTEL.*

Calice un peu étalé : pétales onguiculés, étalés : stigmate en tête, sessile : silicule linguiforme, comprimée, indéhiscente, monosperme.

I. TINCTORIA. L. *P. cultivé.*

Feuilles radicales crénelées : feuilles caulinaires sagittées. ♂ ♃ Fr.

326. LUNARIA. T. *LUNAIRE.*

Calice connivent; deux de ses folioles gibbeuses et concaves à la base : silique grande, entière, très-comprimée, oligosperme.

L. REDIVIVA. L. *L. vivace.*

Feuilles alternes, à dents pointues : silicule oblongue, atténuée aux deux bouts. ♃ Fr.

L. ANNUA. L.   *L. annuelle.*

Feuilles opposées, à dents arrondies : silicule ovale, arrondie. ♂ Fr.

ORDRE II.   SILIQUEUSES.

327. CARDAMINE. T.   *CARDAMINE.*

Calice entr'ouvert : pétales onguiculés, à limbe étalé : silique linéaire, s'ouvrant avec élasticité et roulant ses deux valves du bas en haut.

C. PRATENSIS.   *C. des prés.*

Tige droite : feuilles ailées, à folioles radicales arrondies ; à folioles caulinaires, linéaires. ♃ Fr.

328. SISYMBRIUM. T.   *SISYMBRE.*

Calice étalé ou connivent : pétales étalés, légèrement onguiculés : silique longue, arrondie, à valves droites, non élastiques.

S. NASTURTIUM. L.   *S. cresson de fontaines.*

Feuilles ailées, à folioles presque en cœur, plus courtes que leur pétiole. ♃ Fr.

S. SOPHIA.   *S. Sophie.*

Feuilles surcomposées : pétales plus courts que le calice. ⊙ Fr.

329. ERYSIMUM. T.   *VELAR.*

Calice connivent : deux grosses glandes entre le

bas de l'ovaire et les deux petites étamines : silique tétragone.

E. OFFICINALE. *V. officinal.*

Feuilles roncinées : tige rameuse : épis divergens, effilés : siliques appliquées contre l'axe commun. ☉ Fr.

Obs. Cette plante n'ayant pas la silique absolument tétragone, est reportée parmi les sisymbres dans la *Flore françoise.*

E. BARBAREA. L. *E. de Sainte-Barbe.*

Tige droite, paniculée : feuilles lyrées. ☉ ♂ Fr.

E. ALLIARIA. L. *E. alliaire.*

Feuilles en cœur; tige droite, paniculée. ☉ ♂ Fr.

Obs. L'auteur de la *Flore françoise* fait une julienne de cette plante.

330. CHEIRANTHUS. L. *GIROFLÉE.*

Calice connivent, ayant deux de ses folioles gibbeuses à la base ; deux grosses glandes entre la base de l'ovaire et les deux petites étamines : stigmate bifide : silique longue, comprimée, presque tétragone.

C. CHEIRI. L. *G. jaune.*

Feuilles lancéolées, aiguës, glabres; rameaux anguleux : tige sous-ligneuse. ♂ ♃ Fr.

C. INCANUS. L. *G. des jardins.*

Feuilles lancéolées, entières, blanchâtres, obtuses : silique comprimée, tronquée au sommet :
tige sous-ligneuse. ♂ Esp.

331. BRASSICA. T. *CHOU.*

Calice connivent, gibbeux à la base : quatre
glandes autour de la base du germe : silique un
peu comprimée, à valves plus courtes que la cloison.

B. OLERACEA. L. *C. cultivé.*

Tige charnue, à peine renflée vers la base :
feuilles glabres, glauques, sinuées et lobées. ♂ Fr.

B. RAPA. L. *C. navet.*

Racine charnue, arrondie ou fusiforme : feuilles
inférieures lyrées, rudes ; feuilles supérieures amplexicaules, en cœur, oblongues, glabres. ♂

B. ARVENSIS. L. *C. sauvage.*

Feuilles glabres, amplexicaules, spathulées,
ondulées ; les supérieures sont en cœur, très-entières ; la silique est à quatre angles obtus. ♃ Fr.

332. ERUCA. Bauh. *ROQUETTE.*

Calice connivent ; quatre glandes au bas de l'o-
vaire : silique terminée par une longue languette
aplatie.

E. sativa.   *R. cultivée.*

Tige velue : feuilles lyrées : siliques glabres, appliquées contre l'axe qui les porte. ⊙ Fr.

333. SINAPIS. L.   *MOUTARDE.*

Calice très-étalé : pétales onguiculés, droits : le reste comme dans la roquette.

S. nigra. L.   *M. usuelle.*

Feuilles glabres, ainsi que les siliques, qui sont pressées contre l'axe qui les porte. ⊙ Fr.

S. arvensis. L.   *M. des champs.*

Silique à plusieurs angles, toruleuse, plus longue que le bec qui la termine. ⊙ Fr.

Obs. On trouve trois variétés de cette plante aux environs de Paris : l'une a les siliques dressées contre l'axe, l'autre les a étalées, la troisième les a également étalées et velues.

334. RAPHANUS. T.   *RAIFORT.*

Calice connivent : disque du germe muni de quatre glandes : silique toruleuse ou articulée, indéhiscente.

R. raphanistrum. L.   *R. ravenelle.*

Feuilles lyrées : silique articulée. ⊙ Fr.

R. sativus.   *R. rave.*

Feuilles lyrées : silique toruleuse, spongieuse. ⊙ Ch.

7*

CLASSE XVI. MONADELPHIE.
ORDRE I.   TRIANDRIE.

---

335. TAMARINDUS. L.   *TAMARIN.*

CALICE quadriparti : trois pétales ascendans : trois étamines fertiles, soudées par la base, avec deux filets stériles trifurqués. Legume pulpeux, polysperme.-

     T. INDICA.   *T. du commerce.*

Feuilles ailées : fleurs en grappe terminale, pendante. ♄ Ind.

ORDRE II.   PENTANDRIE.

336. PASSIFLORA. L.   *PASSIFLORE.*

Calice pentaphylle : corolle pentapétale, munie intérieurement d'une triple couronne de filets : trois stigmates : baie charnue, uniloculaire, polysperme, à trois trophospermes pariétaux.

     P. CÆRULEA. L.   *P. bleue.*

Feuilles palmées : pétiole glanduleux : tige sarmenteuse. ♄ Bre.

     P. LUTEA.   *P. jaune.*

Feuilles en cœur, trilobées, glabres : pétiole dénué de glandes. ♃ Virg.

337. LINUM. T. *LIN.*

Calice à cinq divisions, persistant : cinq pétales onguiculés ; cinq filets stériles, alternes avec cinq filets fertiles : cinq styles. Capsule globuleuse, multivalve ; les bords rentrans des valves forment des cloisons et des loges monospermes.

L. usitatissimum. L. *L. cultivé.*

Tige droite, simple : feuilles lancéolées : folioles calicinales ovales, aiguës, à trois nervures : pétales crénelés. ⊙ Fr.

L. tenuifolium. L. *L. à petites feuilles.*

Tige droite, simple : feuilles linéaires, sétacées, rudes : folioles calicinales, acuminées, glanduleuses. ♃ Fr.

L. catharticum. L. *L. cathartique.*

Tige dichotome, divergente : fleurs à quatre étamines et à quatre styles. ⊙ Fr.

338. GOMPHRENA. L. *AMARANTHINE.*

Calice quinqueparti, revêtu à la base de deux ou trois écailles : corolle nulle : quelques filets stériles : deux stigmates : capsule monosperme, s'ouvrant transversalement.

G. globosa. L. *A. globuleuse.*

Tige droite : feuilles ovales, lancéolées : fleurs en têtes solitaires : pédoncule diphylle. ⊙ Ind.

ORDRE III.   DÉCANDRIE.

339. MALPIGHIA. Pl.   *MALPIGHIE.*

Calice à cinq divisions, dont quelques-unes munies de deux glandes en dessous : cinq pétales onguiculés ; trois stigmates : baie globuleuse, arrondie, contenant trois osselets anguleux.

M. URENS. L.   *M. brûlante.*

Feuilles oblongues, ovales, munies de soies à deux pointes couchées : pédoncules uniflores agrégés. ♄ Ant.

340. OXALIS. L.   *OXALIDE.*

Calice pentaphylle : cinq pétales réunis par les onglets : capsule pentagone, s'ouvrant par les angles, et lançant les graines avec élasticité.

O. ACETOSELLA. L.   *O. oseillette.*

Tige nulle : hampe uniflore : feuilles ternées, à folioles cordiformes, velues. ♃ Fr.

O. STRICTA. L.   *O. serrée.*

Tige droite, rameuse : feuilles ternées : pédoncule ombellifère. ♃ Fr.

341. GERANIUM. T.   *GÉRANION.*

Calice quinquefide ou pentaphylle : cinq pétales égaux ou inégaux : étamines toutes ou en partie fertiles : capsule à cinq loges, à cinq coques monospermes, surmontées d'un long bec.

G. SANGUINEUM. L.   G. sanguin.

Toutes les étamines fertiles : pédoncule uniflore : feuilles quinquepartites à divisions trifides. ♃ Fr.

G. ROBERTIANUM. L.   G. herbe à Robert.

Toutes les étamines fertiles : pédoncules biflores : feuilles ternées, quinées et pennatifides : calice velu, à dix angles. ♂ Fr.

G. GIBBOSUM. L.   G. gibbeux.

Sept étamines fertiles : pédoncule multiflore : calice monophylle : tige charnue, gibbeuse : feuilles ailées. ♄ Afr.

G. ODORATISSIMUM. L.   G. odorant.

Sept étamines fertiles : pédoncule multiflore : calice monophylle : tige très-courte, ligneuse : rameaux herbacés : feuilles en cœur, très-douces. ♄ Cap.

G. MOSCHATUM. L.   G. musqué.

Cinq étamines fertiles : calice pentaphylle : pédoncule multiflore : feuilles ailées, incisées. ☉ Fr.

Obs. Lhéritier a divisé ce genre en trois, basés principalement sur le nombre des étamines fertiles, et les a appelés *pelargonium, erodium* et *geranium.*

342. SIDA. L. *SIDA.*

Calice simple, à cinq divisions : style multifide ; capsule simple, à cinq loges polyspermes.

S. RHOMBIFOLIA. L. *S. rhomboïdal.*

Feuilles lancéolées, rhomboïdales, dentées en scie, cotonneuses en dessous : stipules sétacées : pédoncules uniflores, axillaires, de la longueur des feuilles. ♃ St-Do.

343. ABUTILON. T. *ABUTILON.*

Calice, corolle, étamines et style du sida ; mais ici il y a plusieurs capsules bivalves, disposées en rond.

A. AVICENNÆ. Gært. *A. d'Avicenne.*

Tige droite : feuilles en cœur, cotonneuses : pédoncules solitaires : fruits vésiculeux. ☉ St.-Do. *Se trouve aussi en Piémont, selon M. Decandolle.*

344. MALVA. T. *MAUVE.*

Calice quinquefide, muni en dehors de trois folioles : plusieurs capsules comprimées, monospermes, disposées en rond.

M. ROTUNDIFOLIA. L. *M. officinale.*

Tige couchée : feuilles en cœur arrondi, à cinq lobes peu saillans : pédoncule fructifère incliné. ☉ Fr.

M. ALCÆA. L.   *M. alcée.*

Tige droite, munie de poils étalés : feuilles inférieures anguleuses : feuilles supérieures quinquepartites, un peu rudes. ♃ Fr.

345. ALTHÆA. T.   *GUIMAUVE.*

Calice quinquefide, revêtu d'un calicule à neuf
divisions : le reste comme dans la mauve.

A. OFFICINALIS. L.   *G. officinale.*

Tige droite : feuilles simples, cotonneuses. ♃ Fr.

346. ALCÆA. L.   *ALCÉE.*

Calice quinquefide, revêtu d'un calicule à neuf
dents : le reste comme dans la mauve.

A. ROSEA. L.   *A. rose-trémière.*

Feuilles sinuées, anguleuses. ♂ ♃ Fr.

Obs. L'alcée est reportée avec raison au genre gui-
mauve, dans la *Flore françoise.*

347. GOSSIPIUM. B.   *COTON.*

Calice à cinq lobes, revêtu d'un grand calicule
trifide, denté : capsule à cinq valves, à cinq loges
polyspermes : graines enveloppées de coton.

G. HERBACEUM. L.   *C. de Virginie.*

Feuilles à cinq lobes dénués de glandes : tige
herbacée. ⊙ Am.

348. HIBISCUS. L.   *KETMIE.*

Calice quinquefide, muni à la base d'un grand nombre de folioles : capsule à cinq valves, à cinq loges polyspermes.

H. SYRIACUS. L.   *K. des jardins.*

Feuilles cunéiformes, ovales, incisées et dentées dans la partie supérieure. ♄ Syr.

H. ABELMOSCHUS. L.   *K. ambrette.*

Feuilles presque en bouclier, cordiformes, à sept angles, dentées en scie et hispides. ♄ Ind.

H. ESCULENTUS. L.   *K. Gombo.*

Feuilles pédiaires à cinq divisions : calice fendu latéralement. ⊙ Ind.

349. ACHANIA. Ait.   *ACHANE.*

Calice quinquefide, revêtu extérieurement de plusieurs folioles linéaires : corolle roulée en spirale et presque close : dix stigmates : baie à cinq loges, à cinq graines.

A. MALVAVISCUS. Ait.   *A. écarlate.*

Feuilles en cœur, légèrement lobées. ♄ Am. mér.

350. THEA. L.   *THÉ.*

Calice à cinq ou six parties : six pétales, quelquefois neuf, dont trois extérieurs plus petits : capsule tricoque, triloculaire, à trois ou six graines.

T. BOHEA. L. · *T. bou.*

Fleurs à six pétales : feuilles alternes, elliptiques, lisses, légèrement dentées. ♄ Ch.

351. CAMELLIA. L. *CAMELLIE.*

Calice coriace, quinqueparti, muni de plusieurs écailles imbriquées à la base : cinq grands
pétales : capsule tricoque et trisperme.

C. JAPONICA. L. *C. du Japon.*

Feuilles ovales, luisantes, à dents aiguës. ♄ Jap.

ORDRE IV. CALYCANDRIE.

352. STYRAX. T. *STYRAX.*

Calice urcéolé, à cinq dents : corolle monopétale, quinquepartite, à tube court, inséré au calice : dix étamines adhérentes à la corolle. L'o-
vaire, libre, triloculaire et polysperme, se change
en un fruit pulpeux, contenant un ou deux noyaux
monospermes.

S. OFFICINALE. L. *S. officinal.*

Feuilles ovales, velues en dessous : grappes
simples, plus courtes que les feuilles. ♄ Ital.

S. GLABRUM. Mich. *S. glabre.*

Feuilles petites, presque glabres, ovales, lancéolées, aiguës aux deux bouts. ♄ Car.

CLASSE XVII.   DIADELPHIE.
ORDRE I.   ·   HEXANDRIE.

353. FUMARIA. T.   *FUMETERRE*.

CALICE petit, quadriphylle : quatre pétales irréguliers, dont un seul éperonné : étamines rapprochées trois par trois : fruit globuleux, indéhiscent, uniloculaire, monosperme, à trophosperme
pariétal.

F. OFFICINALIS. L.   *F. officinale*.

Tige rameuse, diffuse : feuilles surcomposées,
à folioles cunéiformes, lancéolées, incisées : fruit
globuleux, sans pointe. ☉ Fr.

354. CORYDALIS. Vent.   *CORYDALE*.

Fleur de la fumeterre : le fruit est une capsule
oblongue, uniloculaire, bivalve, polysperme : les
graines sont attachées à deux trophospermes linéaires, suturaux.

C. BULBOSA. Vent.   *C. bulbeuse*.

Tige simple : grappe terminale : bractées cunéiformes, digitées, plus longues que le pédicelle :
feuilles biternées. ♃ Fr.

ORDRE II. OCTANDRIE.

355. POLYGALA. *POLYGALE.*

Calice persistant, à cinq parties, dont deux extérieures, plus grandes et colorées : corolle irrégulière, monopétale, tubuleuse, fendue en dessus, à limbe bilabié ; lèvre supérieure bifide ; lèvre inférieure concave, renfermant les étamines séparées en deux corps : capsule cordiforme, comprimée, loculiscide, polysperme.

P. VULGARIS. *P. commune.*

Feuilles linéaires, lancéolées, uniformes : ailes calicinales, à peine plus longues que le fruit. ♃ Fr.

ORDRE III. DÉCANDRIE.

356. ULEX. L. *AJONC.*

Calice profondément biparti ; la découpure supérieure à deux dents, et l'inférieure à trois : carène dipétale. Légume enflé, à peine plus long que le calice et contenant peu de graines.

U. EUROPÆA. L. *A. marin.*

Rameaux droits, très-épineux : dents du calice conniventes. ♄ Fr.

357. GENISTA. T. *GENÊT.*

Calice labié, à deux dents en haut et trois en

bas : carène abaissée, n'embrassant pas entièrement les organes sexuels : étamines monadelphes :
légume oblong.

G. TINCTORIA. L.   *G. des teinturiers.*

Feuilles lancéolées, glabres : rameaux striés,
droits : fleurs en grappe. ♄ Fr.

G. SAGITTALIS. L.   *G. ailé.*

Rameaux articulés et très-comprimés : feuilles
distantes, ovales, lancéolées, sessiles. ♃ Fr.

358. SPARTIUM. T.   *SPARTION.*

Calice saillant postérieurement : stigmate velu
longitudinalement en dessous : le reste comme dans
le genêt.

S. SCOPARIUM.   *S. à balais.*

Feuilles ternées et simples, oblongues : fleurs
axillaires, à peine pédonculées : légume velu sur
les bords : rameaux anguleux. ♄ Fr.

359. CYTISUS. T.   *CYTISE.*

Calice labié, à deux dents en haut et trois en
bas : étendard renversé : ailes et carène conniventes : légume oblong, comprimé, toruleux,
polysperme.

C. LABURNUM. L.   *C. faux ébénier.*

Grappe simple, pendante : feuilles ternées, à
folioles ovales oblongues. ♄ Fr.

C. CAJAN. L.   *C. pois congo.*

Grappe axillaire, droite : feuilles ternées, à folioles lancéolées, cotonneuses. ♂ ♄ Ind.

360. ONONIS. L.   *BUGRANE.*

Calice campanulé, quinquefide : étendard grand et strié ; étamines monadelphes : légume renflé, sessile, oligosperme.

O. ARVENSIS. L.   *B. commune.*

Fleurs le plus souvent deux à deux, axillaires, à peine pédonculées : feuilles inférieures ternées, ovales, légèrement visqueuses, dentées en scie : épines et rameaux velus. ♃ ♄ Fr.

O. NATRIX.   *B. jaune.*

Fleurs pédonculées, solitaires : pédoncule aristé, de la longueur des feuilles, qui sont ternées, visqueuses, oblongues, dentées au sommet : tige sous-ligneuse. ♄ Fr.

361. PSORALEA. Ro.   *PSORALÉE.*

Calice quinquefide, ponctué : pétales veinés : carène dipétale : légume comprimé, monosperme, de la longueur du calice.

P. GLANDULOSA.   *P. culen.*

Feuilles ternées, à folioles lancéolées, pétiolées, rudes : fleurs en épi. ♄ Pe.

P. BITUMINOSA. L.   *P. bitumineuse.*

Feuilles ternées, à folioles lancéolées : pétiole lisse : fleurs en tête. ♃ Fr.

362. TRIFOLIUM. T.   *TRÈFLE.*

Calice tubuleux, persistant, à cinq dents : carène simple, plus courte que les ailes et l'étendard : légume à une ou deux graines, couvert par le calice.

T. PRATENSE.   *T. des prés.*

Tige ascendante : folioles ovales, entières : fleurs monopétales, disposées en tête dense : calice velu, à cinq dents, dont l'inférieure, plus longue que les autres, est plus courte cependant que le tube de la corolle. ♃ Fr.

T. REPENS. L.   *T. rampant.*

Tige rampante : folioles ovales oblongues, échancrées, finement dentées : fleurs en tête ombellée : calice glabre : légume tétrasperme. ♃ Fr.

T. FRAGIFERUM. L.   *T. fraise.*

Tige rampante : folioles obovales, obtuses : fleurs en tête arrondie : calice fructifère, pubescent, enflé, ayant deux dents réfléchies. ♃ Fr.

T. SUBTERRANEUM.   *T. souterré.*

Calice velu : tête à cinq fleurs, munie d'un chevelu central, réfléchi, roide, enveloppant les fruits qui se cachent en terre pour mûrir. ♂ Fr.

363. MELILOTUS. T. *MELILOT.*

Ce genre ne diffère du trèfle qu'en ce que son légume est plus long que le calice.

M. OFFICINALIS. L. *M. officinal.*

Tige droite : folioles ovales, dentées : légume en grappe, pendant, aigu, à une ou deux graines. ♃ Fr.

M. CÆRULEA. L. *M. bleu.*

Tige droite : épi oblong : légume mucroné, à moitié couvert par le calice. ⊙ Boh.

364. MEDICAGO. T. *LUZERNE.*

Calice à cinq divisions égales : carène écartée de l'étendard : légume comprimé, courbé en lune ou tortillé en spirale.

M. SATIVA. L. *L. cultivée.*

Tige droite, glabre : folioles oblongues, dentées : fleurs en grappe : légume lisse, contourné une ou deux fois.

M. LUPULINA. L. *L. lupuline.*

Tige tombante : folioles ovales, dentées au sommet : épi ovale : légume réniforme, strié, pubescent, monosperme. ⊙ ♂ Fr.

365. TRIGONELLA. L. *TRIGONELLE.*

Calice campanulé, quinquefide : carène très-petite, peu apparente, de sorte que les deux ailes et l'étendard imitent une corolle tripétale : légume long, acuminé, presque droit, polysperme.

T. FŒNUM GRÆCUM. L.   *T. fenugrec.*

Tige droite : légume sessile, un peu arqué. ⊙ Fr.

366. LOTUS. T.   *LOTIER.*

Calice tubuleux, persistant, quinquefide ; ailes rapprochées par leur bord supérieur, et plus courtes que l'étendard : légume oblong, droit.

L. SILIQUOSUS. L.   *L. siliqueux.*

Tige tombante : bractées lancéolées : légumes solitaires, à quatre angles ailés. ♃ Fr.

L. CORNICULATUS. L.   *L. corniculé.*

Tige presque tombante : tête déprimée, à huit ou dix fleurs : légumes cylindriques, étalés, roides. ♃ Fr.

367. DOLICHOS. L.   *DOLIQUE.*

Calice court, à quatre dents, dont la supérieure est échancrée : étendard muni à la base de deux callosités comprimant les ailes : légume oblong, polysperme.

D. LABLAB.   *D. lablab d'Egypte.*

Tige volubile : légume acinaciforme ; graines ovales, marquées d'un hile arqué vers l'une des deux extrémités. ⊙ Eg.

368. PHASEOLUS. T. *HARICOT*.

Calice bilabié : étendard réfléchi : carène, étamines et styles contournés en spirale.

P. VULGARIS. *H. commun.*

Tige volubile : grappes plus courtes que les feuilles : fruit glabre, pendant. ⊙ Ind.

P. COCCINEUS. L. *H. à bouquet.*

Tige volubile : grappes géminées, aussi longues que les feuilles : fruit velu, pendant. ⊙ Ind.

P. NANUS. L. *H. nain.*

Tige droite, lisse : bractées plus grandes que le calice : fruit comprimé, rugueux, pendant. ⊙ Ind.

369. LUPINUS. T. *LUPIN*.

Calice labié : carène dipétale : étamines monadelphes : légume coriace, oblong, polysperme.

L. VARIUS. L. *L. bigarré.*

Tige droite : feuilles quinées : fleurs demi verticillées, munies de bractées : lèvre supérieure du calice bifide ; l'inférieure à trois dents. ⊙ Fr.

370. ANTHYLLIS. L. *ANTHYLLIDE*.

Calice à cinq dents, enflé au milieu et resserré à son ouverture : étamines monadelphes : légume petit, à une ou deux graines, couvert par le calice.

A. VULNERARIA.   *A. vulnéraire.*

Feuilles ailées, à folioles inégales : têtes de fleurs terminales, ordinairement deux à deux. ♃ Fr.

371. ASTRAGALUS. T.   *ASTRAGALE.*

Suture inférieure du légume rentrant en dedans en forme de cloison, et produisant ainsi un fruit presque à deux loges.

A. TRAGACANTHA. L.   *A. adragant.*

Tige ligneuse, arborescente : pétioles épineux. ♄ Or.

A. GLYCYPHYLLOS. L.   *A. fausse réglisse.*

Tige couchée : folioles ovales, plus longues que le pédoncule : légume triquètre, arqué. ♃ Fr.

372. COLUTEA. T.   *BAGUENAUDIER.*

Calice campanulé, quinquefide, persistant : légume grand, vésiculeux, membraneux, polysperme.

C. ARBORESCENS. L.   *B. arborescent.*

Folioles obcordées, échancrées. ♄ Eur.

373. GLYCYRRHIZA. T. *RÉGLISSE.*

Calice bilabié, à quatre dents supérieures inégales, à une seule dent inférieure linéaire : carène dipétale : légume ovale, comprimé, à trois ou six graines.

G. GLABRA. L. *R. usuelle.*

Tige droite : folioles ovales , un peu glutineuses en dessous : stipules nulles : fleurs en grappes : légumes glabres.

G. FOETIDA. Desf. *R. fétide.*

Tige droite : folioles ovales oblongues : fleurs en grappe : légumes ovales , mucronés, hérissés. ♃ Alg.

374. INDIGOFERA. L. *INDIGOFÈRE.*

Carène munie latéralement de deux callosités ou de deux éperons : légume cylindrique , droit ou arqué , polyspermé.

I. ANIL. L. *I. d'Amérique.*

Feuilles ailées, à folioles lancéolées : fleurs en grappe courte : tige droite, sous-ligneuse. ⊙ Am. mér.

375. GALEGA. T. *LAVANÈSE.*

Calice campanulé , à cinq dents subulées, presque égales : légume oblong, droit, comprimé.

G. OFFICINALIS. L. *L. officinale.*

Tige droite : feuilles ailées, à folioles lancéolées, mucronées, glabres : stipules sagittées : légume droit et menu. ♃ Fr.

376. LATHYRUS. T. *GESSE.*

Calice turbiné , quinquefide ; les deux divisions

8.

supérieures plus courtes : étendard plus grand que les ailes et la carène : style élargi et velu antérieurement au sommet : légume oblong, polysperme.

L. SATIVUS.   *G. cultivée.*

Pédoncule uniflore, articulé : vrille à deux ou à quatre folioles : légume ovale, comprimé, à deux tranchans sur le dos. ☉ Fr.

L. TUBEROSUS. L.   *G. tubéreuse.*

Pédoncule à cinq ou six fleurs : vrille à deux folioles obtuses avec une pointe. ♃ Fr.

L. SYLVESTRIS. L.   *G. sauvage.*

Pédoncule à quatre ou cinq fleurs : vrille à deux folioles ensiformes : entre-nœuds de la tige membraneux. ♃ Fr.

377. PISUM. T.   *POIS.*

Calice quinquefide ; les deux découpures supérieures plus courtes : style caréné en dessous : stigmate velu : légume oblong, polysperme : graine globuleuse.

P. SATIVUM. L.   *P. cultivé.*

Pétiole cylindrique : stipules crénelées, arrondies inférieurement : pédoncule multiflore. ☉ Fr.

P. OCHRUS. L.   *P. ochrus.*

Pétiole membraneux, décurrent, diphylle : pédoncule uniflore. ☉ Cr.

378. VICIA. T.   *VESCE.*

Calice tubuleux, quinquefide; les deux découpures supérieures plus courtes : style filiforme,
formant un angle droit avec l'ovaire, velu en
dessus et en dessous au sommet : légume oblong,
polysperme.

V. sativa. L.   *V. cultivée.*

Légumes presque sessiles, solitaires ou géminés :
feuilles ailées, à folioles oblongues, tronquées
avec une pointe : stipules dentées, semi-sagittées
et maculées. ⊙ Fr.

V. cracca. L.   *V. cracque.*

Pédoncule multiflore, plus long que les feuilles :
folioles linéaires, un peu blanchâtres : fleurs imbriquées : stipules semi-sagittées, linéaires et entières.
♃ Fr.

379. FABA. T.   *FÈVE.*

Calice quinquefide : étendard plus grand que
les ailes et la carène : légume oblong, renflé,
spongieux : graine grande, comprimée, ayant le
hile terminal.

F. vulgaris.   *F. de marais.*
Tige droite : pétiole dénué de vrille. ⊙ Eg.

380. ERVUM. T.   *LENTILLE.*

Calice à cinq découpures linéaires aiguës, aussi

longues que la corolle : stigmate glabre : légume oblong, à deux ou quatre grains.

E. LENS. L.   *L. ordinaire.*

Pédoncule à deux ou trois fleurs : légume court, à deux ou trois graines : folioles oblongues. ⊙ Fr.

E. ERVILIA. L.   *L. ervilie.*

Pédoncules aristés, à une ou deux fleurs, plus courts que les feuilles : folioles oblongues, tronquées, glabres : stipules hastées. ⊙ Fr.

Obs. Cette plante est reportée au genre *vicia* par Willdenow.

381. CICER. T.   *POIS-CHICHE.*

Calice quinquefide, égal à la corolle ; quatre découpures supérieures couchées sur l'étendard, qui est grand ; une inférieure appliquée sous la carène, qui est petite : légume rhomboïdal, renflé, à deux graines.

C. ARIETINUM.   *P. cultivé.*

Tige droite, rameuse : feuilles ailées, à folioles dentées : fleurs axillaires, solitaires ou géminées. ⊙ Fr.

Obs. Selon M. Deyeux, l'acide de la liqueur visqueuse que transsudent les poils de cette plante, est l'acide oxalique.

382. CORONILLA. T.   *CORONILLE.*

Calice campanulé, labié, à cinq dents : pétales

longuement onguiculés : légume long, droit ou courbé, articulé ou contracté entre les graines.

C. VARIA. L. *C. variée.*

Tige diffuse : feuilles ailées, à folioles lancéolées, glabres : pédoncule ombellé : légumes nombreux, droits, toruleux. ♃ Fr.

C. EMERUS. *C. émère.*

Tige droite, très-rameuse, anguleuse : pédoncule ordinairement triflore : onglet des pétales trois fois plus long que le calice. ♄ Fr.

C. SECURIDACA. L. *C. sécurigère.*

Légume large, comprimé, terminé en une longue corne en forme d'alène. ☉ Fr.

Obs. Tournefort avoit fait de cette plante un genre qu'on a rétabli dans la *Flore françoise.*

383. HIPPOCREPIS. L. *HIPPOCREPIDE.*

Calice campanulé, à cinq dents : onglet de l'étendard plus long que le calice : légume oblong, comprimé, membraneux, articulé, courbé, ayant au moins l'une des sutures garnie d'échancrures.

H. COMOSA. L. *H. couronnée.*

Cinq à huit légumes en ombelle, rapprochés, arqués, rudes, échancrés des deux côtés. ♃ Fr.

384. HEDYSARUM. T. *HEDYSARE.*

Calice à cinq dents : carène obtuse transversalement : légume comprimé, articulé, polysperme, où non articulé et monosperme.

H. CANADENSE. L.   H. du Canada.

Feuilles simples et ternées : tige lisse : fleurs en grappe : légume visqueux, ondulé, articulé. ♃

H. ALPINUM. L.   H. des Alpes.

Feuilles ailées : légume articulé, glabre, pen‑dant. ♃ Fr.

H. ONOBRICHIS. L.   H. sain-foin.

Feuilles ailées : ailes de la corolle plus courtes que le calice : légume monosperme, hérissé. ♃ Fr.

Obs. Cette plante fait partie du genre *onobrychis* de Tournefort, rétabli par M. Lamark.

CLASSE XVIII.   POLYADELPHIE.
ORDRE. I.   POLYANDRIE.

385 CITRUS. T.   CITRE.

CALICE petit, à cinq dents : cinq pétales étalés ; vingt à trente étamines : ovaire libre, entouré d'une glande à la base : stigmate en tête : fruit ovale ou arrondi, coriace, divisé en plusieurs loges à double cloisons revêtues de vésicules aqueuses : les graines, entourées d'une double tunique, sont attachées dans l'angle intérieur des loges.

C. MEDICA. L.   *C. citronnier.*

Pétiole non ailé. ♄ Asie.

C. AURANTIUM. L.   *C. oranger.*

Pétiole ailé. ♄ Ind.

386. HYPERICUM. T.   *MILLEPERTUIS.*

Calice à cinq parties : cinq pétales : étamines nombreuses, divisées en trois ou cinq faisceaux : ovaire libre : trois ou cinq styles : capsule (rarement une baie) polysperme, à trois ou cinq loges, trois ou cinq valves.

H. ANDROSÆMUM. L.   *M. androsème.*

Tige comprimée, sous-ligneuse : feuilles ovales, sessiles ; divisions calicinales inégales ; baie globuleuse. ♄ Fr.

H. PERFORATUM. L.   *M. ordinaire.*

Tige droite, comprimée : feuilles obtuses, ponctuées : découpures du calice lancéolées. ♃ Fr.

H. QUADRANGULARE. L.   *M. quadrangulaire.*

Tige quadrangulaire, rameuse : feuilles ovales, ponctuées : découpures du calice lancéolées. ♃ Fr.

H. ELODES. L.   *M. aquatique.*

Tige cylindrique, rampante : feuilles ovales, arrondies, sessiles, pubescentes : découpures du calice glabres et glanduleuses. ♃ Fr.

8*

CLASSE XIX. SYNANTHÉRIE.
ORDRE I.   CARDUACÉES.

387. ECHINOPS. T.   *ÉCHINOPSE.*

FLEURS en tête sphérique : involucre général, petit, polyphylle : phoranthe nu, globuleux : chaque fleur est munie d'un involucelle polyphylle imbriqué : l'ovaire est oblong, adhérent ; il se change en un fruit monosperme, couronné, indéhiscent, contenant une graine dressée, dont l'embryon a la radicule infère.

E. SPHÆROCEPHALUS. L.   *E. sphérocéphale.*

Tige rameuse : feuilles pennatifides, pubescentes en dessus, blanchâtres et lanugineuses en dessous. ♃ Fr.

388. ATRACTYLIS. L.   *ATRACTYLE.*

Involucre ovale, connivent, formé d'écailles entières acuminées, et entouré de plusieurs bractées pennatifides qui l'enferment comme dans une grille : le fruit est surmonté d'une aigrette plumeuse.

A. CANCELLATA. L.   *A. cloîtrée.*

Tige simple : feuilles linéaires, lancéolées, ciliées ; fleur terminale. ⊙ Esp.

389. CARTHAMUS. T. *CARTHAME.*

Involucre ventru, imbriqué d'écailles mucro-nées.

C. TINCTORIUS. L. *C. faux safran.*

Tige droite, très-glabre : feuilles ovales, épineuses, dentées. ⊙ Fr.

C. LANATUS. L. *C. laineux.*

Tige poilue à la base, et laineuse dans la partie supérieure : feuilles inférieures pennatifides ; feuilles supérieures amplexicaules, dentées. ⊙ Fr.

Obs. Cette plante est reportée parmi les centaurées, dans la *Flore françoise.*

390. CENTAUREA. L. *CENTAURÉE.*

Involucre écailleux : fleurs du rayon stériles et plus grandes.

C. BENEDICTA. L. *C. chardon-béni.*

Tige diffuse : feuilles semi-décurrentes, bordées de dents épineuses : l'involucre, entouré de grandes bractées, est laineux et garni d'épines rameuses. ⊙ Fr.

C. CALCITRAPA. L. *C. chausse-trape.*

Tige rameuse, striée, velue : feuilles linéaires, pennatifides, dentées ; les inférieures sont lyrées : involucre muni d'épines composées. ⊙ Fr.

C. ASPERA. L.   *C. âpre.*

Tige diffuse : feuilles lancéolées, sessiles, sinuées, dentées et rudes au toucher : écailles de
l'involucre terminées en pointe palmée. ♃ Fr.

C. SONCHIFOLIA. L.   *C. à feuilles de laceron.*

Tige divergente : feuilles oblongues, amplexicaules, décurrentes, ondulées et munies de dents
épineuses : écailles de l'involucre terminées en
épine palmée. ♃ Fr.

C. PHRYGIA. L.   *C. de Phrygie.*

Tige droite : feuilles oblongues, légèrement
denticulées : écailles de l'involucre bordées de
dents plumeuses, recourbées en dehors. ♃ Fr.

C. NIGRA. L.   *C. noire.*

Tige droite : feuilles inférieures pennatifides,
feuilles supérieures entières, dentées en scie :
écailles de l'involucre bordées de dents ciliées :
fleurons tous hermaphrodites. ♃ Fr.

C. JACEA.   *C. jacée.*

Tige droite : rameaux anguleux : feuilles inférieures lancéolées, entières : feuilles raméales anguleuses : écailles de l'involucre bordées de dents
ciliées : aigrette très-courte. ♃ Fr.

C. MONTANA. L.   *C. des montagnes.*

Tige simple, droite : feuilles lancéolées, décurrentes : écailles de l'involucre bordées de dents
ciliées. ♃ Eur.

C. CYANUS. L.   *C. bleuet.*

Tige droite : feuilles linéaires très-entières ; les inférieures dentées : écailles de l'involucre dentées. ⊙ Fr.

C. CENTAURIUM. L.   *C. commune.*

Tige droite : feuilles pennatifides, à découpures dentées et décurrentes : écailles de l'involucre ovales. ♃ Fr.

C. MOSCHATA. L.   *C. musquée.*

Tige droite, rameuse : feuilles lyrées, dentées : écailles de l'involucre glabres, arrondies. ⊙ Eur.

C. GLASTIFOLIA. L.   *C. à feuilles de pastel.*

Tige droite : feuilles entières, décurrentes : écailles de l'involucre scarieuses. ♃ Or.

C. CROCODILIUM. L.   *C. crocodilion.*

Tige droite : feuilles pennatifides, à découpures entières ; la découpure terminale est plus grande : écailles de l'involucre scarieuses, terminées en longue épine simple. ⊙ Syr.

C. GALACTITES. L.   *C. galactite.*

Tige droite : feuilles décurrentes, sinuées, épineuses, maculées : écailles de l'involucre munies d'épines sétacées. ⊙ Eur.

Obs. Linné avoit réuni sous le nom de centaurée, une douzaine de genres de Tournefort et de Vaillant : Gærtner et M. de Jussieu ont rétabli une partie de ces

genres. M. Decandolle, en considérant l'attache latérale
du fruit comme le caractère essentiel des centaurées, a
été amené à faire de nouvelles partitions plus conve-
nables à l'esprit actuel de la botanique.

391. CIRSIUM. T.   *CIRSION.*

Involucre imbriqué d'écailles terminées en épine
subulée : fleurs toutes hermaphrodites : phoranthe
pailletté : aigrette plumeuse.

C. OLERACEUM. Rich.   *C. oléracé.*

Tige droite : feuilles en cœur, amplexicaules,
pennatifides, à dents ciliées : fleurs terminales, ramassées, entourées de bractées ovales, ciliées.
♃ Fr.

C. ARVENSE. Rich.   *C. hémorroïdal.*

Tige droite, simple : feuilles lancéolées, pennatifides, ondulées, épineuses, blanchâtres en
dessous : fleurs en panicule : involucres d'abord
globuleux, ensuite cylindrique. ♂ ♃ Fr.

C. ACAULE. Rich.   *C. nain.*

Tige très-courte, uniflore : feuilles pennatifides,
à dents ciliées, épineuses : écailles de l'involucre
lancéolées. ♃ Fr.

C. ERIOPHORUM.   *C. laineux.*

Tige droite, rameuse : feuilles sessiles, pennatifides, hispides, à découpures géminées, divergentes, épineuses : involucre globuleux, laineux :

formé d'écailles oblongues, terminées par une pointe recourbée. ♂ ♃ Fr.

392. CARDUUS. T.   *CHARDON.*

Ce genre ne diffère du précédent que par son aigrette poilue.

C. NUTANS. L.   *C. penché.*

Tige droite : feuilles semi-décurrentes, épineuses : fleurs penchées : involucre légèrement cotonneux : écailles extérieures étalées ; écailles intérieures arquées en dedans. ♂ Fr.

C. MARIANUS. L.   *C. marie.*

Tige droite : feuilles amplexicaules, hastées, pennatifides, maculées de blanc. ⊙ Fr.

393. ONOPORDON. Vail.   *ONOPORDE.*

Involucre imbriqué d'écailles terminées en pointe piquante : fleurs toutes hermaphrodites : phoranthe garni de fossettes : fruit comprimé, tétragone, sillonné transversalement : aigrette caduque, poilue.

O. ACANTHIUM. L.   *O. commun.*

Tige droite : feuilles décurrentes : cotonneuses, sinuées, à dents épineuses : écailles de l'involucre étalées. ♂ Fr.

394. CINARA. T.   *CINARE.*

Involucre très-grand, imbriqué d'écailles charnues à la base, mucronées : fleurs toutes hermaphrodites : phoranthe charnu, soyeux : aigrette très-courte, plumeuse.

C. SCOLYMUS. L.   *C. artichaud.*

Feuilles, les unes entières, les autres ailées : écailles de l'involucre à peine épineuses. ♃ Fr.

C. CARDUNCULUS. L.   *C. cardon.*

Feuilles toutes ailées, épineuses : écailles de l'involucre mucronées. ♃ Fr.

395. CARLINA. T.   *CARLINE.*

Écailles extérieures de l'involucre laciniées, épineuses; écailles intérieures étalées, scarieuses, colorées : fleurs toutes hermaphrodites : paillettes du phoranthe membraneuses : fruit velu : aigrette plumeuse.

C. ACAULIS. L.   *C. à tige courte.*

Tige simple, très-courte : feuilles pennatifides, nues, à découpures incisées, dentées, épineuses. ♃ Fr.

396. XERANTHEMUM. L. *XÉRANTHÈME.*

Écailles intérieures de l'involucre scarieuses, plus grandes et colorées : fleurs centrales hermaphrodites; fleurs extérieures en petit nombre et femelles : phoranthe pailletté : fruit couronné par cinq écailles aiguës.

X. ANNUUM. L.   *X. annuel.*

Tige droite, rameuse : feuilles linéaires lancéolées : écailles intérieures de l'involucre lancéolées,
obtuses, étalées. ☉ Fr.

397. SERRATULA. L.   *SARRÈTE.*

Involucre imbriqué, à écailles non épineuses :
fleurs toutes hermaphrodites : phoranthe garni de
paillettes simples : aigrette poilue, droite, persistante.

S. TINCTORIA. L.   *S. des teinturiers.*

Tige droite : feuilles finement dentées, glabres,
semi-pennatifides à la base : fleurs en corymbe.
♃ Fr.

398. LAPPA. T.   *BARDANE.*

Involucre sphérique, formé d'écailles imbriquées, recourbées en hameçon acéré : fleurs
toutes hermaphrodites : aigrette formée de paillettes roides et persistantes.

L. VULGARIS. Rich.   *B. vulgaire.*

Feuilles en cœur, pétiolées, sans épines. ♃ Fr.

Obs. Linné appeloit cette plante *arctium lappa*. L'auteur de la *Flore françoise* en reconnoît trois variétés
qui se distinguent à la vestiture et à la grosseur de leur
involucre.

ORDRE II.   CORYMBIFÈRES.

§. PHORANTHE PAILLETTÉ.

399. TARCHONANTHUS. L.
TARCHONANTHE.

Involucre monophylle, semi-septifide : fleurs flocculeuses, toutes hermaphrodites : phoranthe poilu ; aigrette couvrant le fruit de toutes parts.

T. CAMPHORATUS. L.   *T. camphré.*

Tige arborée : feuilles ovales, oblongues, entières : fleurs en panicule terminale. ♄ Eth.

400. ANTHEMIS. L.   *ANTHEMIS.*

Involucre hémisphérique, imbriqué d'écailles scarieuses sur les bords : fleurs radiées, à rayons fertiles : phoranthe convexe, pailletté : fruit couronné par une membrane entière ou dentée.

* *Rayons d'une autre couleur que le disque.*

A. NOBILIS. L.   *A. camomille romaine.*

Tige couchée, rameuse : feuilles deux fois ailées, à découpures tripartites, linéaires, subulées, un peu velues. ♃ Fr.

A. COTULA. L.   *A. maroutte.*

Tige divergente, rameuse : feuilles deux fois

ailées, glabres, à découpures subulées, tripartites : phoranthe conique : paillettes sétacées : fruit nu, tuberculeux. ☉ Fr.

A. PYRETHRUM. L. *A. pyrèthre.*

Feuilles trois fois ailées, à découpures linéaires, charnues : tige tombante : rameaux axillaires, uniflores. ♃ Fr.

* *Rayons de la même couleur que le disque.*

A. TINCTORIA. *A. des teinturiers.*

Tige droite, rameuse : feuilles pubescentes en dessous, tripennatifides, dentées : fruit couronné par une membrane entière. ♃ Fr.

Obs. Cette plante varie à rayons jaunes et à rayons blancs.

401. ACHILLEA. L. *MILLE-FEUILLE.*

Involucre ovale, imbriqué : fleurs radiées, à rayons femelles, peu nombreux : phoranthe plane, pailletté : fruit nu.

* *Rayons jaunes.*

A. AGERATUM. L. *M. agerat.*

Tige droite : feuilles oblongues, obtuses, dentées en scie, glabres, atténuées en pétiole : corymbe composé, resserré. ♃ Fr.

** *Rayons blancs.*

A. NOBILIS. L.　　*M. odorante.*

Tige droite : feuilles caulinaires, bipennatifides : corymbe composé. ♃ Fr.

A. MILLEFOLIUM. L.　　*M. commune.*

Tige droite : feuilles deux fois ailées , un peu
glabres, à découpures linéaires dentées. ♃ Fr.

A. CLAVENNÆ. L.　　*M. argentée.*

Feuilles laciniées, planes, obtuses, cotonneuses.
♃ Fr.

A. PTARMICA. L.　　*M. sternutatoire.*

Tige droite : feuilles linéaires , aiguës , glabres,
profondément dentées. ♃ Fr.

402. PARTHENIUM. L. *PARTHENION.*

Involucre hémisphérique, simple, pentaphylle :
fleurs radiées, mâles au centre , femelles à la circonférence : phoranthe pailletté : fruit nu.

Obs. Selon Linné , les anthères seroient seulement
rapprochées et ne feroient pas corps entre elles dans ce
genre.

P. HYSTEROPHORUS.　　*P. hystérophore.*

Tige droite, paniculée : feuilles simples et pennatifides : fleurs en large corymbe. ☉ Ant.

403. HELIANTHUS. L. *SOLEIL.*

Involucre grand, imbriqué : fleurs radiées, à rayons neutres : phoranthe plane, pailletté : fruit terminé par deux écailles caduques.

H. TUBEROSUS. L. *S. topinambour.*

Écailles de l'involucre ciliées : fleur droite. ♃ Br.

H. ANNUUS. L. *S. annuel.*

Écailles de l'involucre non ciliées : fleur penchée. ☉ Pér.

404. SILPHIUM. L. *SILPHION.*

Involucre imbriqué d'écailles larges et scarieuses : fleurs radiées, mâles au centre et femelles à la circonférence : phoranthe pailletté : fruit comprimé, terminé par une échancrure et deux pointes.

S. TEREBINTHINACEUM. L. *S. à térébinthe.*

Feuilles caulinaires alternes, ovales, dentées ; feuilles radicales cordiformes. ♃ Am. sept.

405. COREOPSIS. L. *CORÉOPSIDE.*

Involucre composé d'un seul rang d'écailles droites, souvent revêtu de plusieurs bractées étalées : fleurs radiées, à rayons neutres : phoranthe pailletté : fruit comprimé, à bords membraneux, terminé par deux dents subulées.

C. TRIPTERIS. L.   *C. triptère.*

Feuilles la plupart ternées, entières. ♃ Virg.

406. CERATOCEPHALUS. Vaill.
CÉRATOCÉPHALE.

Involucre formé d'écailles lancéolées, disposées sur deux rangs ; fleurs floculeuses, stériles à la circonférence : phoranthe pailletté : fruit linéaire, cannelé, terminé par deux, trois ou quatre arêtes munies d'aiguillons dirigés en arrière.

C. PILOSUS. Rich.   *C. poilu.*

Tige droite, rameuse, barbue aux articulations : feuilles ailées, légèrement velues : fruits divergens. ☉ Am. sept.

407. BIDENS. T.   *BIDENT.*

Ce genre ne diffère essentiellement du précédent, qu'en ce-que toutes ses fleurs sont fertiles, et que son involucre est entouré de bractées.

B. TRIPARTITA. L.   *B. à trois feuilles.*

Tige droite, rameuse, tripartibile, à folioles lancéolées, dentées : bractées plus grandes que les fleurs. ☉ Fr.

B. CERNUA. L.   *B. penché.*

Tige droite : feuilles presque connées, ovales, lancéolées, dentées en scie : fleurs terminales, penchées, munies de bractées lancéolées, entières. ☉ Fr.

408. SPILANTHUS. Jacq. *SPILANTHE.*

Involucre hémisphérique, composé d'un double rang d'écailles non étalées : fleurs toutes flosculeuses, la plupart quadrifides et tétrandres : phoranthe pailletté : fruit terminé par deux arêtes caduques.

S. OLERACEUS. L. *S. cultivé.*

Tige rameuse, diffuse : feuilles presqu'en cœur, obtuses, dentées, pétiolées, opposées : fleurs pédonculées, solitaires. ⊙ Bre.

409. SANTOLINA. T. *SANTOLINE.*

Involucre hémisphérique, imbriqué : fleurs flosculeuses : phoranthe pailletté : fruit nu.

S. CHAMÆCYPARISSUS. L. *S. commune.*

Tige rameuse : rameaux cotonneux : feuilles blanchâtres, disposées sur quatre rangs, bordées de dents obtuses : pédoncules uniflores : involucre pubescent. ♄ Fr.

410. FILAGO. T. *FILAGINE.*

Involucre pentagone, imbriqué, à écailles ovales, lancéolées ; les intérieures colorées : fleurs toutes flosculeuses : les centrales sont hermaphrodites, quadrifides, tétrandes ; autour de celles-ci sont des fleurs également quadrifides mais femelles ; enfin, à l'extérieur, sont d'autres fleurs femelles, bifides, ou presque sans corolle : le phoranthe est nu au centre, et pailletté à la circonférence : les fruits sont les uns nus, les autres aigrettés.

Obs. Les botanistes qui considèrent le phoranthe de ce genre, comme absolument nu, en en rejetant les paillettes parmi les écailles de l'involucre, agissent avec une inconséquence digne de remarque.

F. ARVENSIS. L.   *F. des champs.*

Tige herbacée, droite, paniculée : feuilles oblongues, lancéolées, lanugineuses : fleurs coniques, ramassées, latérales et terminales. ☉ Fr.

§§. PHORANTHE SANS PAILLETTES.

* FRUIT SANS AIGRETTE.

411. ARTEMISIA. T.   *ARMOISE.*

Involucre ovale ou arrondi, imbriqué : fleurs toutes flosculeuses, hermaphrodites, et à cinq dents au centre, femelles et entières à la circonférence : phoranthe velu ou nu : fruit nu.

A. RUPESTRIS.   *A. des rochers.*

Tige très-simple : feuilles toutes palmées, multifides, d'un blanc soyeux : fleurs centrales sessiles : fleurs latérales pédonculées : phoranthe velu. ♃ Fr.

A. ABSYNTHIUM. L.   *A. absynthe.*

Feuilles blanchâtres ; les radicales tripennati-

fidés, obtuses ; les caulinaires pennalifides, aiguës ; les floréales indivises : fleurs globuleuses,
pédonculées, penchées : phoranthe velu.

A. PONTICA. L. *A. citronnelle.*

Tige droite, rameuse : feuilles cotonneuses en
dessous ; les caulinaires deux fois ailées, à folioles
linéaires ; les raméales simples : fleurs arrondies,
pédonculées, penchées. ♃ Fr.

A. VULGARIS. L. *A. commune.*

Tige droite : feuilles pennatifides, incisées, cotonneuses en dessous, d'un vert foncé en dessus ;
les floréales sont indivises, linéaires, lancéolées :
fleurs sessiles, oblongues, droites : involucre cotonneux. ♃ Fr.

A. CAMPESTRIS. L. *A. des champs.*

Tige divergente, diffuse, effilée : feuilles caulinaires sétacées, ailées, glabres : feuilles radicales ailées, à folioles trifides, blanchâtres : fleurs
ovales, pédonculées. ♃ Fr.

A. DRACUNCULUS. L. *A. estragon.*

Tige droite : feuilles glabres, lancéolées, atténuées aux deux bouts : fleurs arrondies : pédonculées, droites. ♃ Sib.

412. BALSAMITA. Desf. *BALSAMITE.*

Involucre hémisphérique, imbriqué : fleurs flos-

9

culeuses, toutes quinquefides, hermaphrodites :
phoranthe nu : fruit couronné par une membrane
incomplète.

B. SUAVEOLENS. Desf.　　*B. odorante.*

Tige droite : feuilles elliptiques, dentées, les
inférieures pétiolées, les supérieures sessiles, au-
riculées à la base : fleurs en corymbe. ♃ Fr.

413. TANACETUM. T.　　*TANAISIE.*

Involucre hémisphérique, imbriqué : fleurs flosculeuses, hermaphrodites, à cinq lobes au centre,
femelles et trifides à la circonférence : phoranthe
nu : fruit couronné par une membrane entière.

T. VULGARE. L.　　*T. commune.*

Feuilles bipennatifides, incisées, dentées : fleurs
en corymbe. ♃ Fr.

414. MATRICARIA. T.　　*MATRICAIRE.*

Involucre hémisphérique, imbriqué : écailles
foliacées : fleurs radiées : phoranthe nu, conique:
fruit nu.

M. CHAMOMILLA.　　*M. camomille.*

Feuilles bipennatifides, à découpures capillaires : involucre presque plane, à écailles émous-
sées. ⊙ Fr.

M. PARTHENIUM. *M. officinale.*

Tige droite : feuilles composées, planes, à folioles ovales, incisées : pédoncules rameux. ♃ Fr.

Obs. Les fruits de cette plante, surmontés d'une lé-
gère membrane, la font placer dans le genre *pyrètre* par
plusieurs botanistes.

415. CHRYSANTHEMUM. T.
CHRYSANTHEME.

Involucre hémisphérique, imbriqué : écailles
intérieures membraneuses : fleur radiée : phoranthe
et fruit nus.

C. LEUCANTHEMUM. L. *C. grande marguerite.*

Tige droite, rameuse : feuilles amplexicaules,
lancéolées, dentées en scie, incisées à la base ;
les radicules sont spathulées, atténuées en pétiole. ♃ Fr.

C. ALPINUM. L. *C. des Alpes.*

Tige uniflore : feuilles inférieures pennatifides,
dentées : feuilles supérieures linéaires très-entières.
♃ Fr.

Obs. Cette plante est une pyrêtre dans la *Flore françoise,* à cause de la petite membrane qui couronne ses
fruits.

C. CORONARIUM. L. *C. des jardins.*

Tige rameuse : feuilles bipennatifides, à découpures élargies en dehors. ⊙ Fr.

9.

416. TAGETES. T.　*TAGÈTE.*

Involucre monophylle, tubuleux, anguleux, denté : fleur radiée : phoranthe nu, glabre : aigrette pentaphylle, roide, inégale.

T. MAJOR. Gært.　*T. rose-d'Inde.*

Tige droite, simple; pédoncules nus, uniflores. ⊙ Ind.

417. CALENDULA. L.　*SOUCI.*

Involucre simple, polyphylle, égal : fleurs radiées, mâles au centre, hermaphrodites dans la partie moyenne, et femelles à la circonférence : phoranthe plane, nu : fruits difformes, courbés, sans aigrette.

C. ARVENSIS. L.　*S. des champs.*

Fruits cymbiformes, hérissés, les intérieurs courbés en dedans, les extérieurs lancéolés, arqués à la base, et redressés dans la partie supérieure. ⊙ Fr.

C. OFFICINALIS. L.　*S. des jardins.*

Fruits cymbiformes, herissés, tous courbés en dedans. ⊙ Fr.

418. BELLIS. T.　*PAQUERETTE.*

Involucre hémisphérique, simple, polyphylle, égal : fleurs radiées : réceptacle et fruits nus.

B. PERENNIS. L.　*P. vivace.*

Feuilles radicales : hampe uniflore. ♃ Fr.

** FRUITS AIGRETTÉS.

419. DORONICUM. T. DORONIC.

Involucre polyphylle, composé d'un double rang de folioles égales : fleurs radiées : phoranthe nu : fruits du centre terminés par une aigrette velue; fruits des rayons nus.

D. PARDALIANCHES. L.   D. pardalianche.

Tige droite, velue : feuilles denticulées; les radicales sont longuement pétiolées; les intermédiaires en cœur spathulées, et les supérieures en cœur arrondi. ♃ Fr.

420. INULA. L.   INULE.

Involucre imbriqué : fleur radiée : anthères le plus souvent prolongées en deux soies à la base : phoranthe nu : fruit terminé en aigrette poilue, simple ou entourée d'une membrane à la base.

I. HELENIUM. L.   I. aulnée.

Tige droite : feuilles amplexicaules un peu dentées, ovales, rugueuses, cotonneuses en dessous : écailles de l'involucre ovales : aigrette simple.

I. DYSENTERICA. L.   I. dysentérique.

Tige pubescente, paniculée : feuilles amplexicaules, en cœur allongé, nues, dentées en scie, poilues en dessous : écailles de l'involucre sétacées; aigrette double. ♃ Fr.

I. PULICARIA. L.   *I. pulicaire.*

Tige paniculée : feuilles amplexicaules, oblongues, ondulées, velues : pédoncules uniflores, opposés aux feuilles : fleurs globuleuses : rayons très-petits : aigrette double. ⊙ Fr.

421. ASTER. T.   *ASTER.*

Involucre imbriqué : écailles extérieures étalées : fleur radiée : réceptacle nu : aigrette poilue.

A. CHINENSIS. L.   *A. reine-marguerite.*

Tige droite, hispide : rameaux uniflores : feuilles ovales, pétiolées, dentées ; les raméales sont sessiles, lancéolées, acuminées, entières ; les folioles de l'involucre sont grandes et ailées. ⊙ Ch.

A. AMELLUS. L.   *A. amelle.*

Tige droite, en corymbe : feuilles oblongues, lancéolées, entières, roides : folioles intérieures de l'involucre colorées au sommet. ♃ Fr.

422. SOLIDAGO. L.   *VERGE-D'OR.*

Involucre imbriqué, oblong : fleur radiée : rayons au nombre de cinq ou six : phoranthe nu : aigrette poilue.

S. LATIFOLIA. L.   *V. à larges feuilles.*

Tige droite : feuilles ovales oblongues, acuminées, dentées en scie : grappes latérales simples. ♃ Am. sept.

S. VIRGA AUREA. *V. commune.*

Tige flexueuse, rameuse, pubescente : feuilles caulinaires lancéolées, dentées en scie, atténuées aux deux bouts; feuilles inférieures elliptiques, un peu velues : grappes droites : pédicelles plus courts que les fleurs. ♃ Fr.

423. SENECIO. T. *SENEÇON.*

Involucre simple, presque monophylle, droit, conique, à divisions noirâtres au sommet, muni de quelques écailles à la base : fleurs flosculeuses ou radiées, à rayons peu nombreux : phoranthe nu : aigrette poilue.

S. DORIA. L. *S. doria.*

Tige droite : feuilles oblongues lancéolées, un peu décurrentes, glabres, dentées en scie : écailles extérieures de l'involucre étalées : fleurs radiées. ♃ Fr.

S. JACOBÆA. L. *S. jacobée.*

Tige droite : feuilles lyrées, pennatifides, divergentes, dentées, glabres : involucre cylindrique : fleurs radiées : fruit velu. ♃ Fr.

S. SYLVATICUS. L. *S. des bois.*

Tige droite : feuilles pennatifides, denticulées : écailles de l'involucre lisses : fleurs radiées, à rayons roulés en dessous. ⊙ Fr.

S. VULGARIS. L.   *S. commune.*

Feuilles amplexicaules, pennatifides, dentées : fleurs flosculeuses. ⊙ Fr.

424. TUSSILAGO. T.   *TUSSILAGE.*

Involucre composé de plusieurs folioles disposées sur un seul rang : fleurs flosculeuses ou radiées : phoranthe nu : aigrette simple et sessile.

T. PETASITES. L.   *T. pétasite.*

Thyrse oblong : feuilles en cœur oblong, concaves, denticulées, pubescentes en dessous : fleurs flosculeuses. ♃ Fr.

T. FARFARA. L.   *T. commun.*

Hampe uniflore, munie de bractées : feuilles en cœur, anguleuses, dentées, pubescentes en dessous : fleurs radiées. ♃ Fr.

425. ERIGERON. L.   *ÉRIGÈRE.*

Calice oblong, imbriqué, égal : fleurs radiées, à rayons linéaires, nombreux : phoranthe nu : aigrette poilue.

E. ACRE.   *E. âcre.*

Tige droite : pédoncules alternes uniflores : aigrette rousse, une fois plus longue que le fruit. ♂ ♃ Fr.

426. CONIZA. T.   *CONISE.*

Involucre arrondi, imbriqué : fleurs flosculeuses, hermaphrodites et à cinq dents au centre, femelles stériles et à trois dents à la circonférence : phoranthe nu : aigrette poilue.

C. SQUARROSA. L. *C. rude.*

Tige droite en corymbe : feuilles rudes, les caulinaires ovales, oblongues, dentées en scie, les raméales oblongues, lancéolées, entières : involucre squarreux. ♂ Fr.

C. ODORATA. L. - *C. odorante.*

Tige droite en corymbe : feuilles ovales, dentées en scie, aiguës, légèrement cotonneuses. ♄ Am. mér.

427. BACCHARIS. L. *BACCHANTE.*

Involucre imbriqué, cylindrique : fleurs flosculeuses : fleurons femelles à corolle entière, à peine visible, entremêlés de fleurons hermaphrodites : phoranthe nu : aigrette poilue.

B. HALIMIFOLIA. L. *B. à feuilles d'arroche.*

Feuilles obovales, échancrées et dentées dans la partie supérieure. ♄ Virg.

428. GNAPHALIUM. L. *GNAPHALE.*

Involucre imbriqué, égal, formé d'écailles scarieuses, colorées : fleurs flosculeuses (rarement dioïques) : fleurons ou tous hermaphrodites, ou entremêlés de fleurons femelles à corolle entière, à peine visible : phoranthe nu : aigrette le plus souvent poilue, rarement dentée.

G. DIOICUM. L.   *G. dioïque.*

Stolons tombans : tige très-simple : feuilles radicales, spathulées : corymbe resserré : fleurs dioïques. ♃ Fr.

G. SYLVATICUM. L.   *G. des bois.*

Tige droite, simple, cotonneuse : feuilles lancéolées, laineuses, atténuées aux deux bouts : fleurs sessiles, formant un épi allongé terminal. ♃ Fr.

G. MARGARITACEUM. L.   *G. immortelle.*

Tige droite, cotonneuse : feuilles opposées, linéaires, lancéolées, acuminées, cotonneuses en dessous : fleurs toutes hermaphrodites, en corymbe fastigié. ♃ Fr.

G. STOECHAS. L.   *G. stœchas.*

Tige droite, rameuse : feuilles linéaires : fleurs toutes hermaphrodites, en corymbe composé. ♄ Fr.

G. FOETIDUM. L.   *G. fétide.*

Tige droite : feuilles amplexicaules, très-entières, aiguës, cotonneuses en dessous. ♂ Cap. B.

429. CHRYSOCOMA. L.   *CHRYSOCOME.*

Involucre hémisphérique, imbriqué : fleurs flosculeuses : phoranthe nu : aigrette poilue.

C. LINOSYRIS. **L.** *C. linosyride.*

Tige droite : feuilles linéaires, glabres : involucre lâche. ♃ Fr.

430. EUPATORIUM. T. *EUPATOIRE.*

Involucre imbriqué, oblong, contenant peu de fleurs toutes flosculeuses : phoranthe nu : aigrette poilue.

E. CANNABINUM. **L.** *E. à feuilles de chauve.*

Feuilles opposées, pétiolées, tripartites, à découpures lancéolées, dentées. ♃ Fr.

431. CACALIA. T. *CACALIE.*

Involucre oblong, simple, muni d'écailles à la base : fleurs flosculeuses : phoranthe nu : aigrette poilue.

C. FICOÏDES. **L.** *C. ficoïde.*

Tige succulente, rameuse, cylindrique, glauque : feuilles lancéolées, linéaires, comprimées, aiguës. ♄ Eth.

C. SUAVEOLENS. **L.** *C. odorant.*

Tige droite : feuilles hastées, sagittées, denticulées : pétiole dilaté dans la partie supérieure. ♃ Can.

ORDRE III.   CICHORACÉES.

§. PHORANTHE NU.

* Aigrette nulle.

432. LAMPSANA. T.   LAMPSANE.

Involucre octophylle, connivent, muni d'écailles à la base : phoranthe nu : fruit nu.

L. COMMUNIS.   L. commune.

Tige droite, striée, rameuse : feuilles ovales,
pétiolées, anguleuses et dentées. ⊙ Fr.

** Aigrette poilue.

433. PRENANTHES. Vaill. PRENANTHE.

Involucre connivent, pauciflore, muni d'écailles à la base : phoranthe nu : aigrette sessile ou
presque sessile, poilue.

P. MURALIS.   P. des murailles.

Tige droite : feuilles lyrées, pennatifides, dentées, à lobe terminal, quinquangulaire : pied de
l'aigrette plus court que le fruit. ⊙ Fr.

Obs. Cette plante n'ayant pas l'aigrette absolument
sessile, est placée parmi les chondrilles dans la *Flore
françoise.*

434. LACTUCA. T. *LAITUE.*

Involucre imbriqué, cylindrique ou ventru à la base : phoranthe nu : aigrette stipitée.

L. SATIVA. *L. cultivée.*

Feuilles inférieures arrondies : feuilles caulinaires en cœur : tige divisée en corymbe. ☉

L. SYLVESTRIS. L. *L. sauvage.*

Tige lisse, droite : feuilles sinueuses, pennatifides, amplexicaules, verticales, aiguës, à carène aiguillonnée : fleurs en panicule étalée. ♂ Fr.

L. VIROSA. *L. vireuse.*

Feuilles oblongues, denticulées, horizontales : carène munie d'aiguillons. ♂ Fr.

L. PERENNIS. L. *L. vivace.*

Feuilles toutes pennatifides, à découpures linéaires, dentées : fleurs bleues en corymbe paniculé. ♃ Fr.

435. SONCHUS. T. *LAITRON.*

Involucre oblong, imbriqué, ventru à la base : phoranthe nu : fruit strié longitudinalement : aigrette sessile.

S. OLERACEUS. L. *L. oléracée.*

Pédoncule légèrement cotonneux, divisé en ombelle : involucre glabre : feuilles oblongues, lancéolées, amplexicaules, à bord cilié et légèrement sinué. ⊙ Fr.

Obs. Les *sonchus asper* et *lævis* de quelques botanistes sont considérés comme variétés de cette espèce.

S. PALUSTRIS. L.   *L. des marais.*

Pédoncules ombellés, munis de poils glanduleux ainsi que les involucres : feuilles roncinées, sagittées à la base. ♃ Fr.

436. HIERACIUM. T.   *ÉPERVIERE.*

Involucre imbriqué : phoranthe nu, ou muni de poils plus courts que les fruits : aigrette sessile, velue.

H. PILOSELLA. L.   *H. piloselle.*

Hampe uniflore nue : stolons rampans : feuilles entières, ovales, cotonneuses en dessous. ♃ Fr.

E. SABAUDUM. L.   *H. de Savoie.*

Tige droite, simple : feuilles ovales, oblongues, aiguës, sessiles, presque amplexicaules, dentées vers la base : fleurs en corymbe. ♃ Fr.

437. CREPIS. L.   *CREPIDE.*

Involucre polyphylle, toruleux, et ventru dans la maturité, muni à la base de plusieurs écailles étalées : phoranthe alvéolé : aigrette poilue, sessile ou stipitée.

* **C. FOETIDA. L.** *C. fétide.*

Feuilles roncinées, ailées, poilues, à pétiole denté : tige droite, divisée : aigrette pédicellée. ♂ Fr.

Obs. M. Decandolle ayant séparé les crépis à aigrette pédicellée des crépis à aigrette sessile, cette plante se trouve dans le genre barkausie de la *Flore françoise.*

438. HYOSERIS. L. *HYOSÉRIDE.*

Involucre polyphylle, muni d'écailles à la base : phoranthe couvert de points creux : aigrettes poilues ; celles du disque à plusieurs rangs, celle de la circonférence simples.

H. TARAXACOÏDES. Vil. *A. à feuilles de pissenlit.*

Feuilles sinuées, dentées, munies de poils fourchus : aigrette des fruits du centre plumeuse. ♃ Fr.

439. LEONTODON. L. *DENT-DE-LION.*

Involucre polyphylle, à folioles intérieures droites, égales ; à folioles extérieures réfléchies ou étalées, inégales, les unes et les autres rabattues dans la maturité : phoranthe couvert de points creux : aigrette capillaire, velue, stipitée.

L. TARAXACUM. L. *D. pissenlit.*

Hampe uniflore : écailles extérieures de l'involucre réfléchies : feuilles roncinées, glabres, à découpures lancéolées, dentées. ♂ ♃ Fr.

*** *Aigrette plumeuse.*

440. VIREA. Ad. *VIRÉE.*

Involucre polyphylle, quelquefois un peu imbriqué, quelquefois simple, égal et muni d'écailles à la base : phoranthe un peu velu : aigrette plumeuse, sessile ou légèrement stipitée, mêlée de rayons en paillettes et sétacés.

V. AUTUMNALIS. Rich. *V. d'automne.*

Feuilles lancéolées, pennatifides, glabres : tige nue, divisée en rameaux munis de petites écailles, et renflés au-dessous des fleurs. ⚥ Fr.

441. SCORZONERA. L. *SCORSONÈRE.*

Involucre imbriqué d'écailles membraneuses sur les bords : phoranthe nu : fruit sessile : aigrette plumeuse, légèrement stipitée.

S. HISPANICA. L. *S. d'Espagne.*

Tige rameuse : feuilles amplexicaules, entières, denticulées à la base. ⚥ Esp.

S. HUMILIS. L. *S. naine.*

Tige courte, uniflore : feuilles oblongues, lancéolées, à cinq ou sept nervures : folioles de l'involucre un peu laineuses à la base. ⚥ Fr.

442. TRAGOPOGON. T. *SALSIFIS.*

Involucre simple, à huit ou dix feuilles réunies

par les côtés : phoranthe nu : front strié longitudinalement : aigrette plumeuse, légèrement stipitée.

T. PRATENSE. L.   *S. des prés.*

Feuilles glabres, planes, canaliculées à la base :
pédoncule renflé au-dessous de la fleur : involucre
de douze à seize folioles plus longues que les pétales : fleur jaune. ♂ Fr.

T. PORRIFOLIUM.   *S. cultivé.*

Involucre de huit folioles plus longues que la
corolle qui est plane et violette. ♂ Fr.

§§. PHORANTE PAILLETTÉ.

443. GEROPOGON.   *GEROPOGON.*

Involucre simple : phoranthe pailletté : aigrettes
stipitées celles du disque plumeuses, celles des.
rayons à cinq arêtes.

G. GLABRUM. L.   *G. glabre.*

Feuilles glabres. ⊙ Fr.

444. HYPOCHÆRIS. Vail.   *PORCELIE.*

Involucre polyphylle, imbriqué, inégal : phoranthe pailletté : aigrette plumeuse, stipitée.

H. RADICATA. L.   *P. à longue racine.*

Tige rameuse, nue : feuilles roncinées, obtuses,
rudes : pédoncule écailleux. ♃ Fr.

*** *Aigrette écailleuse.*

445. CICHORIUM., T. ̄ *CHICORÉE.*

Involucre à huit divisions profondes , muni à la base de cinq écailles étalées et plus courtes : phoranthe pailletté : fruit surmonté d'une petite couronne à cinq dents peu prononcées.

C. INTIBUS. L. *C. sauvage.*

Fleurs sessiles , subaxillaires , géminées : feuilles roncinées , à nervures velues en dessous. ♃ Fr.

C. ENDIVIA. L. *C. scarole.*

Pédoncules axillaires, géminés, l'un allongé, l'autre très-court et multiflore : feuilles oblongues, denticulées, glabres. ☉

CLASSE XX. SYMPHYSANDRIE.
ORDRE I. PENTANDRIE.

446. JASIONE. L. *JASIONE.*

FLEURS réunies en tête sur un phoranthe nu et entourées d'un involucre polyphylle ; chaque fleur est composée d'un calice adhérent, quinquefide ; d'une corolle monopétale , à tube très-court, à limbe divisé en cinq lanières étroites et très-longues; de cinq étamines réunies par les anthères; d'un ovaire surmonté d'un style terminé par deux stigmates : cet ovaire se change en une capsule biloculaire, polysperme, s'ouvrant par deux pores au sommet.

J. MONTANA. L. *J. des montagnes.*

Tige rameuse : feuilles linéaires, lancéolées, rétrécies à la base, ondulées, crispées. ♂ Fr.

447. LOBELIA. L. *LOBELIE.*

Calice adhérent, quinquefide : corolle monopétale, irrégulière, fendue longitudinalement en dessus, à limbe divisé en cinq parties : anthères réunies en tube : stigmate simple, hispide : capsule à deux ou trois loges polyspermes s'ouvrant au sommet.

L. SIPHILITICA. *L. siphilitique.*

Tige droite : feuilles ovales lancéolées, crénelées : sinus du calice réfléchis. ♃ Fr.

448. BALSAMINA. Bauh. *BALSAMINE.*

Calice diphylle : quatre pétales hypogynes, irréguliers, inégaux; le supérieur voûté et l'inférieur éperonné : étamines réunies par les anthères : capsule oblongue, à cinq loges polyspermes, s'ouvrant avec élasticité en cinq valves qui se contournent en spirale.

B. HORTENSIS. Rich.　　*B. des jardins.*

Pédoncules uniflores, agrégés : feuilles lancéolées. ⊙ Ind.

B. LUTEA. Bauh.　　*B. jaune.*

Pédoncules multiflores, solitaires : feuilles ovales. ⊙ Fr.

449. VIOLA. T.　　*VIOLETTE.*

Calice quinqueparti : cinq pétales hypogynes, inégaux ; le supérieur éperonné : anthères réunies, membraneuses au sommet : capsule uniloculaire, polysperme, trivalve : graines endospermiques, attachées au milieu des valves.

V. TRICOLOR. L.　　*V. pensée.*

Tige glabre, anguleuse, rameuse, diffuse : pétales une fois plus longs que le calice : style droit. ⊙ Fr.

V. ODORATA. L.　　*V. odorante.*

Stolons rampans : feuilles en cœur, glabres. ♃ Fr.

CLASSE XXI.   GYNANDRIE.
ORDRE I.   MONANDRIE.

—

§. ZINGIBÉRACÉES.

450. CANNA. L.   *BALISIER.*

CALICE adhérent, trifide : corolle monopétale, profondément divisée en six lobes dont trois extérieurs lancéolés, égaux ; trois intérieurs plus grands, inégaux, l'inférieur étant roulé en dehors : un seul filament pétaliforme involuté au sommet, inséré à la base de la corolle, et portant sur le côté, vers le haut, une anthère droite, linéaire, uniloculaire : le style est lancéolé, adhérent à la corolle par sa base, terminé par un stigmate étendu en bourrelet : le fruit est une capsule ovale, arrondie, chagrinée, subtrigone, trivalve, triloculaire, à loges polyspermes : les graines sont globuleuses, endospermiques, attachées par un podosperme laineux à l'axe du fruit.

Obs. Le côté du style se trouvant pressé contre l'anthère avant le parfait épanouissement de la fleur, il s'attache ordinairement sur ce côté une ligne de pollen qui est indiquée comme le stigmate, par M. de Jussieu.

C. INDICA. L.   *B. d'Inde.*

451. ZINGIBER. Gært.　*GINGEMBRE.*

Calice adhérent , tubulé , tronqué : corolle monopétale, tubulée, à six divisions, dont trois extérieures égales, trois intérieures colorées inégales ; les deux latérales sont petites , divergentes ;
l'inférieure est grande , labelliforme, ovale oblongue : filament très-court , inséré au milieu du tube
de la corolle ; anthère droite , ascendante , biloculaire , terminée supérieurement par une grande
corne arquée , cachée sous la division supérieure
de la corolle : le style est libre à la base , enfermé
supérieurement dans un sillon entre les deux loges
de l'anthère : le stigmate est infundibuliforme , légèrement velu : le fruit est une capsule ovale , triloculaire, trivalve , polysperme.

Z. OFFICINALIS.　　*G. officinale.*

Tige fertile aphylle , couverte de gaînes , terminée par un épi oblong imbriqué de grandes écailles colorées recouvrant chacune trois fleurs : des
feuilles lancéolées , glabres et acuminées , forment
par leurs pétioles qui s'engaînent les unes dans les
autres , une autre espèce de tige stérile. ♃ Ind.

452. KEMPFERIA. L.　*KEMPFERE.*

Calice petit , adhérent : corolle tubulée ; limbe
plane , à six divisions , dont trois extérieures, lancéolées , égales ; parmi les trois intérieures , l'une
est plus grande et profondément bifide : le fila-

ment de l'étamine est bifurqué, et l'anthère est géminée : le fruit est une capsule arrondie, trigone, triloculaire, trivalve, polysperme.

K. GALANGA. *K. galanga.*

Feuilles ovales, sessiles. ♃ Ind.

§§. ORCHIDÉES.

453. ORCHIS. T. (1) *ORCHIS.*

Calice adhérent, trifide, marcescent ; trois pétales dont l'inférieur difforme, appelé *labelle*, est terminé postérieurement par un éperon fistuleux : anthère biloculaire, insérée vers le sommet du style et du côté supérieur : style gros, court ; stigmate marginal, antérieur, couvrant une grande fossette mellifère : capsule oblongue, uniloculaire, trivalve : graines nombreuses, scobiformes, attachées au milieu de chaque valve.

O. MACULATA. L. *O. tachetée.*

Labelle presque plane, trilobé ; lobes latéraux, dentés ; lobe intermédiaire, entier, étroit et aigu : pétales latéraux, rapprochés en voûte au-dessus de l'anthère : éperon plus court que l'ovaire : bractées de la longueur de l'ovaire. ♃ Fr.

---

(1) Le labelle est si éloigné des autres parties considérées comme calice ou corolle, dans différentes orchidées de l'Amérique, qu'il seroit assez naturel de le regarder comme un organe différent.

O. BIFOLIA. L.   *O. à deux feuilles.*

Labelle linéaire, très-entier, obtus : éperon une fois plus long que l'ovaire. ♃ Fr.

O. HIRCINA. Cr.   *O. satyre.*

Labelle trifide : découpures latérales linéaires, subulées ; découpure intermédiaire trois fois plus longue que l'ovaire et bifide au sommet : éperon court. ♃ Fr.

454. OPHRYS. T.   *OPHRYS.*

Labelle caréné en dessous à la base et dénué d'éperon.

O. ARACHNITES.   *O. araignée.*

Labelle velu, convexe, à trois lobes ; l'intermédiaire grand et très-légèrement trilobé lui-même au sommet : les deux pétales latéraux sont linéaires, lancéolées, très-courts. ♃ Fr.

455. SPIRANTHES. Rich.   *SPIRANTHE.*

Fleurs en épi contourné en spirale.

Obs. L'inflorescence seule suffit pour faire reconnoître ce genre, auquel se rapportent les *neottia æstivalis* et *spiralis* de la *Flore françoise.*

S. VULGARIS. Rich.   *S. commune.*

Feuilles radicales, oblongues, légèrement pétiolées, séparées de la tige. ♃ Fr.

456. EPIPACTIS. Sw.   *EPIPACTE.*

Divisions calicinales et pétales latéraux rapprochés en voûte au-dessus de l'anthère qui contient un pollen grenu, et qui persiste après la fécondation : le labelle, dénué d'éperon, est plane ou concave, entier ou divisé.

E. ovota. All.   *E. double feuille.*

Tige munie de deux feuilles ovales, opposées : labelle étroit, plane, bifide, à découpures longues et linéaires. ♃ Fr.

E. nidus avis. All.   *E. nid d'oiseau.*

Tige sans feuilles : labelle ovale, concave à la base, bifide, à découpures divergentes. ♃ Fr.

E. lancifolia. Dec.   *E. à fleur blanche.*

Tige droite, garnie de feuilles lancéolées : fleurs droites : labelle entier, obtus, concave, plus court que le calice : bractées de la longueur du fruit. ♃ Fr.

Obs. En me conformant à l'esprit de la *Flore françoise,* je réunis ici dans le même genre trois plantes qui sont peut-être fort étonnées de se trouver ensemble.

157. LIMODORUM. L. non T.   *LIMODORE.*

Anthère à huit loges.

L. tuberosum. L.   *L. tubéreux.*

Feuilles lancéolées, plissées, atténuées aux deux

bouts : tige nue : fleurs inclinées, disposées en grappe unilatérale : labelle plissé, oblong, échancré au sommet.

Obs. Les limodores de Tournefort et de la *Flore françoise*, n'ont aucun rapport avec les limodores de Linné, auxquels celui-ci convient.

ORDRE II. DIANDRIE.

458. CYPRIPEDIUM. L. *CALCÉOLAIRE.*

Labelle très-grand, concave, figuré en sabot.

C. CALCEOLUS. L. *C. des Alpes.*

Tige feuillée ; labelle plus court que les lanières calicinales. 4 Fr.

Obs. Il est digne de remarque que le calcéolaire ayant une anthère de plus que les autres orchidées, a, par contre-coup, un pétale de moins. Cela vient à l'appui de M. His, qui pense que les pétales des orchidées sont des anthères métamorphosées. Voyez la lettre que cet observateur ingénieux a écrite, à ce sujet, à l'Institut de France, le 1er août 1807.

ORDRE III. HEXANDRIE.

459. ARISTOLOCHIA. T. *ARISTOLOCHE.*

Calice adhérent, coloré, monophylle, ligulé, difforme : corolle nulle : capsule à six loges polyspermes.

A. CLEMATITIS.   *A. commune.*

Feuilles en cœur : tige droite : fleurs axillaires, groupées. ♃ Fr.

A. ROTUNDA. L.   *A. ronde.*

Tige droite : feuilles en cœur, ovales, obtuses, presque sessiles : pédoncules uniflores : corolle droite, à languette oblongue émoussée. ♃ Esp.

A. SIPHO. Lh.   *A. à grandes feuilles.*

Feuilles en cœur aigu ; tige volubile : pédoncules uniflores, munis de bractées ovales : corolle ascendante, à limbe trifide. ♄ Am. sept.

CLASSE XXII.   MONOECIE.
ORDRE I.   MONANDRIE.

460. CALLITRICHE.   *CALLITRICHE.*

MALE. Calice diphylle : corolle nulle : étamine saillante. *Femelle.* Calice et corolle nuls : ovaire comprimé, surmonté de deux styles divergens : le fruit est une capsule arrondie, comprimée, quadrangulaire, à quatre loges monospermes, indéhiscentes.

C. SESSILIS. Dec.   *C. à fruit sessile.*

Fruit sessile. ⊙ Fr.

Obs. On a cessé de regarder comme caractères spécifiques les diverses formes que prennent les feuilles de cette plante.

461. EUPHORBIA. L.   *EUPHORBE.*

Involucre campanulé, à huit ou dix lobes alternativement inégaux, contenant plusieurs fleurs
mâles, et une seule fleur femelle centrale : les
fleurs mâles n'ont ni calice ni corolle ; elles sont
composées chacune d'une seule étamine, dont le
filet, gros, cylindrique, articulé vers le haut, est
terminé par une anthère ovale, arrondie, bilobée :
la fleur femelle, également dépourvue de calice
et de corolle, consiste en un ovaire stipité, trigone, surmonté de trois styles bifurqués : le fruit
est une capsule à trois coques renfermant chacune
une graine arillée, attachée vers le sommet : ces
graines sont endospermiques, et la radicule de leur
embryon est dirigée vers le hile.

Obs. C'est ainsi qu'on envisage aujourd'hui la fleur
des euphorbes dans l'école françoise ; mais, pour les Lin-
néistes, l'involucre est un calice à quatre ou cinq dents,
entre lesquelles sont quatre ou cinq pétales calleux, diversement figurés. Quant aux raisons qui autorisent les
promoteurs des familles naturelles à considérer chaque
étamine comme une fleur distincte, il faut être déjà d'une
certaine habileté pour les sentir.

E. officinarum. L.   *E. des boutiques.*

Tige nue, à plusieurs angles munis d'aiguillons géminés : fleurs solitaires : fruits glabres.
♄ Cap.

E. LATHYRUS. L. *E. épurge.*

Tige droite : feuilles opposées, lancéolées, entières : ombelle quadrifide : fruit lisse : graine réticulée. ⊙ Fr.

E. PALUSTRIS. *E. des marais.*

Tige droite, simple : feuilles lancéolées, glabres : ombelle multifide, trifide et bifide : bractéoles ovales : fruit véruqueux : certains rameaux stériles. ♃ Fr.

E. ESULA. L. *E. ésule.*

Tige droite, feuilles linéaires : ombelle multifide et bifide : bractéoles ovales, obtuses : fruit et graine lisses.

E. CYPARISSIAS. E. *E. cyparissie.*

Tige droite : feuilles linéaires rapprochées : ombelle multifide, dichotome ; bractéoles presque cordiformes : fruit et graine lisses : certains rameaux stériles. ♃ Fr.

462. CALLA. L. *CALLA.*

Spathe monophylle en cornet : spadice tout couvert de fleurs, les unes mâles, les autres femelles, toutes privées de calice et de corolle.

C. ÆTHIOPICA. *C. d'Éthiopie.*

Feuilles sagittées en cœur ; toutes les fleurs mâles dans la partie supérieure du spadice. ♃

463. ARUM. T. *GOUET.*

Spathe monophylle en cornet : spadice nu dans la partie supérieure : fleurs mâles dans la partie moyenne : fleurs femelles à la base, les unes et les autres privées de calice et de corolle.

A. VULGARE. L   *G. commun.*

Feuilles radicales hastées, sagittées, à lobes pendans : spadice claviforme, plus court que la spathe. ⚲ Fr.

464. TYPHA. T.   *MASSETTE.*

Chaton dense, formé de fleurs femelles à la base, et de fleurs mâles dans la partie supérieure : les mâles sont composées chacune d'une étamine munie d'une écaille à la base ; les femelles, également munies d'une écaille à la base, sont composées d'un ovaire stipité, qui se change en un fruit monosperme à graine périspermique.

T. LATIFOLIA. L.   *M. à larges feuilles.*

Feuilles linéaires, planes : fleurs mâles, rapprochées des fleurs femelles. ⚲ Fr.

465. SPARGANIUM. L.   *RUBANIER.*

Chatons mâles et chatons femelles arrondis, distans : chaque étamine et chaque ovaire est muni d'une écaille à la base : les ovaires se changent en fruits secs, monospermes, indéhiscens, dont la graine est périspermique.

S. ERECTUM. L. *R. droit.*

Feuilles triquètres à la base : tige simple ou rameuse. ♃ Fr.

Obs. 1ere. Quelques botanistes pensent que, sous le nom de *sparganium erectum*, Linné a confondu deux plantes différentes, déjà distinguées par Bauhin.

Obs. 2e. La plupart des auteurs indiquent des fleurs triandres dans le typha et le sparganium, parce qu'ils considèrent les écailles comme rapprochées trois à trois en forme de calice.

ORDRE II.   TRIANDRIE.

466. ZEA. L.   *MAÏS.*

Fleurs mâles et fleurs femelles sur des épis séparés. *Mâle.* Lépicène bivalve, biflore : glume bivalve. *Femelle.* Lépicène bivalve, biflore, l'une des fleurs stérile : glume bivalve : style simple, très-long, pendant, terminé par un seul stigmate pubescent : fruit arrondi, comprimé, plus grand que la glume.

Z. MAÏS.   *M. cultivé.*

Fleurs mâles, en épis paniculés, terminales : fleurs femelles en épis denses, latéraux, moins élevés que les mâles, et recouverts de gaînes de feuilles avortées. ☉ Am. mér.

467. TRIPSACUM. L.　　TRIPSACUM.

Fleurs mâles et fleurs femelles sur le même épi.
Mâle. Lépicène bivalve, biflore : glume bivalve.
Femelle. Involucre monophylle, cartilagineux :
lépicène bivalve, uniflore : glume bivalve : deux
styles.

T. DACTYLOÏDES.　　*T. dactyloïde.*

Feuilles planes : rachis des fleurs femelles articulé. ♃ Am. mér.

468. COIX. L.　　COICE.

Fleurs en épi : pédoncule commun, muni à la
base d'un involucre monophylle, coriace, mo-
noïque, contenant deux fleurs femelles, et duquel
s'élève le reste de l'épi composé de fleurs mâles.
Mâle. Lépicène bivalve, biflore ; l'une des deux
fleurs neutre. *Femelle.* Lépicène bivalve, biflore ;
l'une des deux fleurs neutre : deux styles : graine
renfermée dans l'involucre, qui devient ovale et
dur comme de la corne.

C. LACRYMA.　　*C. larme de Job.*

Feuilles planes : involucre blanc perlé. ☉ Ind.

469. CAREX. L.　　LAICHE.

Fleurs en épis unisexes ou androgyniques.
Mâle. Une écaille un peu concave tenant lieu de
calice et de corolle, soutient les trois étamines.

Femelle. Outre l'écaille semblable à celle de la fleur mâle, on trouve un involucre monophylle bidenté au sommet, enfermant l'ovaire qui est surmonté d'un style divisé en deux ou trois stigmates divergens : le fruit, enfermé dans l'involucre, contient une seule graine endospermique.

C. PULICARIS. L. *E. pulicaire.*

Epi unique, androgynique, droit, grêle : fleurs à deux stigmates : fruit oblong, glabre, réfléchi dans la maturité, et plus long que l'écaille qui l'accompagne. ⚥ Fr.

C. VULPINA. L. *L. renardée.*

Plusieurs épis androgyniques, oblongs, rapprochés : fleurs à deux stigmates : fruits ovales, bidentés, un peu comprimés, triquètres, étalés et lisses : écailles bractéales denticulées. ⚥ Fr.

C. HIRTA. L. *L. velue.*

Plusieurs épis unisexes ; épis femelles moins élevés que les mâles : fleurs à trois stigmates : fruits oblongs, acuminés, velus, bidentés, plus grands que l'écaille aristée qui les soutient : feuilles légèrement velues. ⚥ Fr.

470. FICUS. T. *FIGUIER.*

Réceptacle commun, turbiné, charnu, fermé par des écailles conniventes, contenant un grand nombre de fleurs mâles vers l'orifice et femelles

10*

dans le fond. *Mâle.* Calice campanulé, trifide, pédonculé : corolle nulle ; trois étamines. *Femelle.* Calice campanulé, quinquefide, pédonculé : corolle nulle : ovaire semi-adhérent ; style sétacé, bifide, utricule monosperme.

F. CARICA. L.   *F. commun.*

Feuilles palmées ou lobées. ♄ Fr.

Obs. Gærtner, de qui j'ai extrait ce caractère générique, et plusieurs autres botanistes, ont décrit et dessiné des fleurs mâles dans nos figues domestiques : pour moi, j'avoue n'y en avoir jamais découvert, quoique j'en aie beaucoup cherché.

ORDRE III.   TÉTRANDRIE.

471. BUXUS. T.   *BUIS.*

Mâle. Calice quadriparti, revêtu d'une écaille bifide : rudiment d'ovaire. *Femelle.* Calice quadriparti, revêtu de trois écailles ; ovaire libre, surmonté de trois styles persistans, divergens, terminés en stigmates hispides : capsule à trois becs, à trois loges, à six graines endospermiques attachées au sommet de l'axe du fruit.

B. SEMPERVIRENS. L.   *B. toujours vert.*

Tige arborée : feuilles ovales, pétiolées, légèrement velues sur les bords. ♄ Fr.

472. BETULA. T.   *BOULEAU.*

Fleurs en chaton unisexe. *Mâle.* Chaton imbriqué; écailles ternées, celle du milieu plus grande et portant douze étamines. *Femelle*. Chaton imbriqué; écailles entières ou trilobées, portant deux ou trois fleurs à la base; chaque ovaire est à deux loges, et chaque loge contient un seul ovule : le fruit est une samare cordiforme, uniloculaire, monosperme.

B. ALBA. *B. blanc.*

Feuilles deltoïdes, aiguës, doublement dentées, glabres; écailles fructifères trilobées. ♄ Virg.

B. LENTA. L. *B. odorant.*

Feuilles en cœur oblong, acuminées, dentées en scie, glabres; écailles fructifères aiguës, entières. ♄ Virg.

473. ALNUS. T. *AULNE.*

Fleurs en chaton unisexe. *Mâle*. Chaton imbriqué de grandes écailles cordiformes, sur lesquelles sont attachées trois ou quatre autres petites écailles tenant lieu du calice. *Femelle*. Chaton ovale, imbriqué d'écailles subéreuses, élargies et multifides au sommet, portant à la base deux fleurs nues : l'ovaire, surmonté de deux styles, se change en un fruit ovale, comprimé, biloculaire.

A. VULGARIS. L. *A. commun.*

Feuilles en coin arrondi, obtuses. ♄ Fr.

Obs. L'aulne se trouve à feuilles glabres et à feuilles pubescentes.

474. MORUS. T.   *MURIER.*

Fleurs en chatons unisexes. *Mâle.* Calice à quatre divisions : corolle nulle. *Femelle.* Calice et corolle comme dans le mâle : ovaire libre , surmonté de deux styles : le calice devient succulent, charnu, et fait corps avec le fruit qui contient une graine dont l'embryon est courbé.

M. NIGRA. L.   *M. noir.*

Feuilles en cœur, rudes au toucher. ♃ Ital.

Obs. Plusieurs mûriers sont, ou toujours, ou fréquemment unisexes.

475. URTICA. T.   *ORTIE.*

Mâle. Calice quatriparti : corolle nulle : filament très-long, courbé en dedans avant la floraison : rudiment d'un pistil cyathiforme. *Femelle.* Calice bivalve : corolle nulle : ovaire libre ; stigmate sessile, velu : fruit monosperme, couvert par le calice persistant.

U. PILULIFERA. L.   *O. pilulifere.*

Feuilles ovales, dentées en scie : fleurs en têtes globuleuses. ⊙ Fr.

U. URENS. L.   *O. grièche.*

Feuilles elliptiques, à trois ou cinq nervures finement dentées en scie : épis glomérés. ⊙ Fr.

U. DIOICA. L.   *O. commune.*

Feuilles en cœur ovales, lancéolées, grossièrement dentées : fleurs dioïques : épis paniculés, glomérés, géminés, plus longs que le pétiole des feuilles. ♃ Fr.

ORDRE IV.   PENTANDRIE.

476. AMBROSIA. T.   *AMBROISIE.*

Mâle. Involucre monophylle, multiflore : calice tubuleux, quinquefide : corolle nulle : rudiment d'ovaire surmonté d'un style terminé en stigmate simple. *Femelle.* Calice adhérent, monophylle entier, muni de cinq dents sur le ventre : corolle nulle : style terminé par deux stigmates divergens : le calice devient un fruit coriace, oblong, couronné par cinq dents, et contenant une seule graine arrondie.

A. TRIFIDA. L.   *A. trifide.*

Tige droite : feuilles à trois lobes dentés en scie. ⊙ Am. sept.

477. AMARANTHUS. T.   *AMARANTHE.*

Mâle. Calice à trois ou cinq folioles : corolle nulle : trois ou cinq étamines. *Femelle.* Calice et corolle comme dans le mâle : ovaire libre surmonté de trois styles : capsule monosperme s'ouvrant transversalement : graine endospermique, à embryon périphérique.

B. BLITUM. L.   *A. bléte.*

Tige diffuse : feuilles ovales, rétuses : fleurs glomérées, latérales, trifides et triandres. ⊙ Fr.

A. RETROFLEXUS. L. — *A. velue.*

Tige droite, rameuse, velue, flexueuse : grappes axillaires et terminales, divergentes : fleurs quinquefides et pentandres.

478. MUSA. L. *BANANIER.*

Mâle. Calice adhérent, diphylle; la foliole supérieure oblongue, plus grande, quinquefide; l'inférieure courte, concave : cinq étamines fertiles; une sixième avortée : ovaire stérile. *Femelle.* Calice comme dans le mâle, mais plus court : cinq étamines stériles; la sixième remplacée par une glande : baie oblongue, anguleuse, triloculaire, polysperme.

M. SAPIENTUM. L. *B. figuier.*

Fleurs mâles décidues. ♃ Ind.

ORDRE V. OCTANDRIE.

479. ACER. T. *ÉRABLE.*

Mâle. Calice quinqueparti : cinq pétales, huit étamines, rudiment d'un ovaire avorté. *Femelle.* Calice et corolle comme dans le mâle, huit étamines ordinairement stériles : le fruit consiste en deux samares unies par le bas, terminées en aile membraneuse, uniloculaires; à une ou deux graines.

A. CAMPESTRE. L.   E. commun.

Feuilles à cinq lobes obtus, glabres : grappe droite. ♄ Fr.

A. SACCHARINUM. L.   E. à sucre.

Feuilles palmées, pubescentes en dessous, à cinq divisions aiguës, dentées. ♄ Am. sept.

A. PSEUDOPLATANUS. L.   E. platanoïde.

Feuilles à cinq lobes, inégalement dentées : grappe pendante, légèrement cotonneuse. ♄ Am. sept.

A. RUBRUM. L.   E. rouge.

Feuilles à cinq lobes, légèrement dentées, glauques en dessous : pédoncules simples, très-courts, agrégés : fleurs dioïques : fruit glabre. ♄ Am. sept.

ORDRE VI.   POLYANDRIE.

480. QUERCUS. T.   CHÊNE.

Mâle. Chaton lâche et pendant : calice monophylle, multifide, contenant de cinq à quinze étamines. *Femelle.* Involucre cupuliforme, uniflore : calice adhérent, hexafide : corolle nulle : ovaire triloculaire : style terminé par trois stigmates : le fruit est un gland uniloculaire, monosperme.

Q. pedunculatus. Link. *C. à long pédoncule.*

Feuilles presque sessiles, glabres, oblongües, dilatées au sommet, sinueuses, lobées, à lobes arrondis : fruit oblong, longuement pédonculé. ♄ Fr.

Q. cerris. *C. cerris.*

Feuilles oblongues, pennatifides, sinuées, velues en dessous, rétrécies à la base, à lobes oblongs, lancéolés, dentés : cupule hémisphérique, hérissée. ♄ Fr.

Q. phellos. L. *C. phellos.*

Feuilles lancéolées, très-entières, glabres. ♄ Am. sept.

Q. suber. L. *C. liége.*

Feuilles persistantes, ovales oblongues, indivises et dentées, cotonneuses en dessous : écorce du tronc subéreuse. ♄ Fr.

Q. ilex. L. *C. yeuse.*

Feuilles persistantes, ovales oblongues, indivises et dentées, blanchâtres en dessous : écorce du tronc non subéreuse. ♄ Fr.

481. CASTANEA. T. *CHATAIGNIER.*

Mâle. Calice à cinq ou six folioles : corolle nulle : de cinq à vingt étamines. *Femelle.* Involucre bi ou triflore, quadrifide, persistant, couvert d'épines rameuses : calice adhérent, tubuleux, à cinq ou six dents : corolle nulle : une douzaine d'étamines avortées, très-petites (manquant quelquefois absolument) : six styles cartilagineux : ovaire à six loges soyeuses en dedans, et contenant chacune deux ovules pendans : l'involucre grandit, s'ouvre en trois ou quatre valves, renferme d'un à trois fruits coriaces, arrondis ou comprimés, marqués d'une grande cicatrice à la base, mucronés au sommet, et contenant d'une à trois graines sillonnées.

C. vesca. Gært.   *C. commun.*

Feuilles lancéolées, acuminées, dentées en scie : tige arborée. ♄ Fr.

C. pumila. L.   *C. chinquapin.*

Feuilles lancéolées, ovales, dentées en scie : tige frutiqueuse. ♄ Am. sept.

482. FAGUS. T.   *HÉTRE.*

Mâle. Chaton globuleux, longuement pédonculé : calice campanulé, à six divisions : corolle nulle : de huit à quinze étamines. *Femelle.* Involucre biflore, tri ou quadrifide, hispide : calice adhérent, à six divisions, cotonneux : corolle nulle : ovaire triloculaire, surmonté d'un style trifide ; chaque loge contient deux ovules pendans ; mais le fruit mûr est uniloculaire, triquètre, et ne contient qu'une ou deux graines anguleuses.

· F. sylvaticus. Lmk.   *H. commun.*

Feuilles ovales, glabres, légèrement dentées et ciliées sur les bords. ♄ Fr.

483. CARPINUS. T.   *CHARME.*

Mâle. Chaton composé d'écailles imbriquées, ovales, ciliées, portant chacune de huit à quinze anthères velues au sommet : calice et corolle nuls. *Femelle.* Chaton imbriqué d'écailles pétiolées, uniflores : calice adhérent, à six dents : corolle nulle : ovaire biloculaire, comprimé, surmonté de deux styles filiformes : fruit uniloculaire, monosperme, osseux, indéhiscent.

C. betulus. L.   *Ç. commun.*

Écailles du chaton fructifère trilobées, planes.

484. CORYLUS. T.   *NOISETIER.*

Mâle. Chaton composé d'écailles imbriquées, trifides, portant chacune de six à douze étamines. *Femelle.* Gemme écailleux, contenant plusieurs involucres uniflores, bilabiés, lacérés : calice adhérent, à peine visible au sommet de l'ovaire : corolle nulle : deux longs styles capillaires : l'ovaire contient deux ovules pendans du sommet d'un long podosperme qui s'élève du fond de l'ovaire : le fruit est une noisette uniloculaire, presque toujours monosperme.

C. AVELLANA. L.   N. avelinier.

Involucre campanulé, frangé, plus long que le fruit. ♄ Fr.

485. JUGLANS. L.   NOYER.

Mâle. Chaton imbriqué d'écailles doubles : écaille extérieure triangulaire, attachée au dos de l'écaille intérieure, qui est pédicellée, élargie en travers, divisée en six lobes, et portant de douze à vingt-quatre étamines. *Femelle.* Fleurs rapprochées en tête, munies chacune à la base de quatre écailles très-caduques : calice quadriparti : corolle nulle : style divisé en deux ou trois stigmates élargis, lacérés, papilleux : le fruit est une noix bivalve, uniloculaire, monosperme.

J. REGIA.   N. commune.

Feuilles ailées avec impaire, à folioles ovales oblongues, pédicellées, opposées et alternes; la foliole terminale plus grande. ♄ Pér.

486. SAGITTARIA. L.   SAGITTAIRE.

Mâle. Calice triphylle : trois pétales arrondis. *Femelle.* Calice et pétales comme dans le mâle; ovaires nombreux, comprimés, réunis en tête, acuminés par le style, et devenant chacun un fruit sec monosperme.

S. SAGITTIFOLIA. L.   S. commune.

Feuilles sagittées, aiguës. ♃ Fr.

ORDRE VII.   CALICANDRIE.

487. POTERIUM. L.   *PINPRENELLE.*

Mâle. Calice coloré, quadrifide, muni à la base de deux à quatre écailles. *Femelle.* Calice à tube court, resserré à la gorge, évasé ensuite en un limbe plane, réfléchi, à quatre ou cinq divisions : corolle nulle : deux ovaires munis chacun d'un style latéral, terminé en stigmate pénicilliforme : le calice se durcit, et contient deux petits fruits monospermes.

P. SANGUISORBA. L.   *P. cultivée.*

Feuilles ailées : tige anguleuse : étamines beaucoup plus longues que le calice. ♃ Fr.

ORDRE VIII.   MONADELPHIE.

488. PHYLLANTHUS. L. *PHYLLANTHE.*

Mâle. Calice à six divisions : corolle nulle : trois étamines. *Femelle.* Calice *id.* : ovaire libre, trigone, surmonté de trois styles bifides, entouré à la base d'un bourrelet glanduleux, à douze angles : le fruit est une capsule à trois coques formant chacune une loge monosperme.

P. NIRURI. L.   *P. niruri.*

Tige droite : folioles ailées, florifères : fleurs pédonculées. ⊙ Am. mér.

489. STILLINGIA. L.   *STILLINGIE.*

Mâle. Involucre multiflore , coriace, hémisphérique : calice infundibuliforme , cilié en son bord :
corolle nulle : deux étamines plus longues que le
calice. *Femelle.* Involucre uniflore : calice adhérent (Lin.) : un seul style terminé par trois
stigmates : le fruit est une capsule à trois coques
monospermes.

S. SEBIFERA.   *S. sébifère.*

Feuilles rhomboïdales , acuminées , glabres ,
munies de deux glandes en dessous♂ ♄ Ind.

490. XANTHIUM. T.   *LAMPOURDE.*

Mâle. Involucre polyphylle étalé, multiflore ;
phoranthe pailletté : calice tubulé, infundibuliforme , quinquefide : cinq étamines. *Femelle.* Involucre oblong , biparti, biloculaire , épineux ,
contenant dans chaque loge un ovaire surmonté
d'un style divisé en deux stigmates : cet involucre
devient un fruit sec , oblong, hérissé, muni de
deux pointes au sommet, et contenant deux graines.

X. STRUMARIUM. L.   *L. commune.*

Tige droite sans épines : feuilles en cœur à trois
nervures. ⊙ Fr.

491. IVA. L.   *IVE.*

Involucre androgynique, multiflore, à trois ou

cinq folioles. *Mâle*. Calice tubuleux, quinquefide : corolle nulle : cinq étamines. *Femelle*. Calice tubulé, ligulé corolle nulle : style bifide : phoranthe garni de paillettes : fruit oblong, obtus, monosperme.

I. FRUTESCENS. L. *I. frutescente.*

Feuilles lancéolées, dentées en scie. ♄ Virg.

492. CROTON. L. *CROTON.*

Mâle. Calice à cinq ou dix divisions : disque muni de cinq glandes. *Femelle.* Calice *id.* : ovaire libre, surmonté de trois styles bifides : capsule à trois coques monospermes.

C. TINCTORIUM. L. *C. tournesol.*

Feuilles rhomboïdales, sinuées : fruit pendant. ☉ Fr.

493. JATROPHA. L. *JATROPHE.*

Mâle. Calice pétaloïde, à cinq ou dix divisions : dix étamines, dont cinq extérieures plus courtes. *Femelle.* Calice plus petit que dans la fleur mâle : ovaire libre, surmonté de trois styles bifides : capsule à trois coques monospermes.

J. MANIHOT. *J. manioc.*

Feuilles palmées, à lobes lancéolés entiers : calice quinquefide. ♃ Am. mér.

J. GOSSYPIFOLIA. L.   *J. petit médecinier.*

Feuilles à cinq lobes ovales entiers : soies des pétioles glanduleuses, rameuses : calice à dix divisions pétaloïdes. ♄ Am. mér.

494. RICINUS. T.   *RICIN.*

Mâle. Calice monophylle, quinqueparti : corolle nulle : étamines nombreuses, à filets rameux. *Femelle.* Calice trifide : corolle nulle : ovaire libre, surmonté de trois styles bifides : capsule arrondie, à trois sillons, divisible en trois coques monospermes : les graines sont endospermiques.

R. COMMUNIS. L.   *R. ordinaire.*

Feuilles peltées, palmées, à lobes dentés. ☉ ♂ ♄ Am. Ind. Afr.

CONIFÈRES.

495. THUYA. T.   *THUYA.*

Mâle. Chaton ovale, imbriqué d'écailles ovales concaves, portant les étamines à la base. *Femelle.* Chaton imbriqué d'écailles portant à la base deux cupules renfermant chacune un ovaire dressé, terminé par un style simple : chacun de ces ovaires se change en une noix osseuse, monosperme, à graine endospermique.

T. OCCIDENTALIS. L.   *T. d'occident.*

Cône lisse, formé d'écailles obtuses : graines ailées. ♄ Can.

496. CUPRESSUS. T.   *CYPRÈS.*

Mâle. Chaton ovale, imbriqué d'écailles peltées, portant les anthères à la base. *Femelle.* Chaton arrondi, composé d'écailles peltées, portant
à la base plusieurs ovaires dressés, muni chacun
d'une cupule propre : ces ovaires se changent en
autant de fruits osseux, anguleux, monospermes.

C. EXPANSA.   *C. étalé.*

Rameaux étalés : feuilles imbriquées. ♄ Cr.

497. ABIES. T.   *SAPIN.*

Mâle. Chaton allongé, imbriqué d'écailles planes, portant les anthères à la base. *Femelle.* Chaton allongé, imbriqué d'écailles rhomboïdales,
tronquées, portant à la base deux ovaires renversés, muni chacun d'une cupule, et se changeant
en noix osseuses, entourées d'une aile membraneuse : l'embryon est polycotylédon.

A. BALSAMEA. L.   *S. baumier.*

Rameaux planes : feuilles solitaires, lancéolées,
légèrement échancrées, marquées en dessous de
deux lignes ponctuées. ♄ Virg.

A. CANADENSIS. L.   *S. du Canada.*

Rameaux planes, étalés : feuilles solitaires, linéaires, un peu obtuses, légèrement membraneuses. ♄ Am. sept.

498. LARIX. T.   *MÉLESE.*

Ce genre ne diffère essentiellement du sapin, qu'en ce que son embryon n'a que deux cotylédons.

L. VULGARIS. Rich.   *M. ordinaire.*

Feuilles fasciculées et solitaires, annuelles. ♄ Fr.

499. PINUS. T.   *PIN.*

Mâle. Chaton conique, imbriqué d'écailles spathulées, portant chacune deux anthères latérales uniloculaires, sessiles. *Femelle.* Chaton conique, imbriqué de bractées et d'écailles épaisses au sommet, tronquées, portant à la base deux ovaires renversés, contenus chacun dans une cupule qui se change en noix osseuse, munie d'une membrane soluble : la graine est endospermique, et son embryon est polycotylédon.

P. SYLVESTRIS. L.   *P. sauvage.*

Feuilles géminées, roides : cône ovale, aigu, de la longueur des feuilles : boutons verts. ♄ Fr.

P. PINEA.   *P. pignon.*

Feuilles géminées, les primordiales ciliées, solitaires : cône ovale, obtus, plus long que les feuilles. ♄ Fr.

ORDRE IX.   SYMPHYSANDRIE.

5oo. SICYOS. L.   *SICYOS.*

Mâle. Calice à cinq dents : corolle campanulée, quinquefide, faisant corps avec le calice; cinq étamines, dont quatre soudées deux à deux : anthères en lignes flexueuses sur le sommet des filamens. *Femelle.* Calice adhérent, à cinq dents : corolle comme dans le mâle : trois stigmates : fruit ovale, hérissé, monosperme.

S. ANGULATA. L.   *S. anguleuse.*

Feuilles anguleuses. ⊙ Can.

5o1. BRIONIA. T.   *BRIONE.*

Mâle. Calice à cinq dents : corolle faisant corps avec le calice, à cinq divisions obtuses : cinq étamines, dont quatre unies deux à deux : anthères en lignes flexueuses. *Femelle.* Calice et corolle comme dans le mâle : trois stigmates : fruit globuleux, lisse, pisiforme, renfermant un petit nombre de graines.

B. DIOICA. Mur.   *B. dioïque.*

Fleurs en grappes, dioïques : feuilles en cœur palmées, à cinq lobes rudes au toucher : fruit rouge. ♃ Fr.

5o2. MELOTHRIA. L.   *MELOTHRIE.*

Mâle. Calice à cinq dents : corolle faisant corps

avec le calice, à cinq lobes arrondis : cinq étamines, dont quatre réunies deux à deux. *Femelle.*
Calice et corolle comme dans le mâle : baie à trois
loges polyspermes.

M. PENDULA. L. *M. pendante.*

Feuilles ovales en cœur, anguleuses : fruits pi-
siformes, pédonculés, solitaires et pendans. ☉
Am. mér.

503. ECBALIUM. Rich. *ECBALE.*

Mâle. Calice et corolle à cinq divisions : anthères réunies. *Femelle.* Calice et corolle à cinq
divisions : trois étamines stériles : baie hispide,
oblongue, lançant les graines par le trou du pédoncule avec élasticité.

E. ELATERIUM. Rich. *E. élatère.*

Tige couchée, hispide, dénuée de vrilles. ♄ Fr.

504. MOMORDICA. T. *MOMORDIQUE.*

Mâle. Calice à cinq dents : corolle à cinq lobes;
toutes les anthères réunies. *Femelle.* Calice et corolle comme dans le mâle : trois filamens stériles :
fruit oblong, anguleux, s'ouvrant avec élasticité
en plusieurs pièces, et contenant des graines arillées, à surface raboteuse.

M. BALSAMINA. L. *M. balsamine.*

Fruit oblong, tuberculeux : feuilles glabres,
étendues et palmées. ☉ Am. mér.

5o5. CUCUMIS. T.   *CUCUMÈRE.*

Mâle. Calice à cinq dents : corolle à cinq lobes : étamines très-courtes. *Femelle.* Calice et corolle comme dans le mâle : trois filamens stériles : fruit charnu, arrondi ou allongé, triloculaire, indéhiscent, contenant des graines oblongues, lisses, amincies sur les bords.

C. SATIVUS. L.   *C. cultivé.*

Feuilles lobées, à angles droits : fruit allongé, à surface inégale. ⊙ Or.

C. MELO. L.   *C. melon.*

Angles des feuilles arrondis : fruit toruleux ou véruqueux. ⊙ As.

C. COLOCYNTHUS. L.   *C. coloquinte.*

Feuilles multifides : fruit globuleux, glabre. ⊙ Or.

C. PROPHETARUM. L.   *C. des prophètes.*

Feuilles en cœur, à cinq lobes denticulés, obtus : fruit globuleux, épineux. ⊙ Ar.

5o6. CUCURBITA. T.   *COURGE.*

Mâle. Calice à cinq dents : corolle plane, à cinq lobes : anthères rampantes au-dessus et en dehors des filamens. *Femelle.* Calice et corolle comme dans le mâle : trois rudimens d'étamines :

fruit allongé, ventru à la base, indéhiscent, divisé en plusieurs loges, et contenant des graines échancrées au sommet.

C. LAGENARIA.   *C. calebasse.*

Feuilles légèrement anguleuses, cotonneuses, munies de deux glandes en dessous à la base. ⊙ Am. mér.

5o7. PEPO. T.   *PEPON.*

Mâle. Calice campanulé, à cinq dents : corolle campanulée, à cinq lobes : anthères réunies et rampantes au sommet et en dehors de filamens. *Femelle.* Calice et corolle comme dans le mâle : trois rudimens d'étamines : fruit très-gros, à trois loges dans la jeunesse, mais ordinairement à une seule cavité dans la maturité : les graines sont ovales, oblongues, comprimées, entourées d'un rebord un peu élevé.

P. MACROCARPUS.   *P. potiron.*

Feuilles en cœur arrondi, droites : limbe de la fleur rabattu en dehors : fruit très-gros, aplati en dessus et en dessous. ⊙ Am. mér.

P. OBLONGUS.   *P. citrouille.*

Feuilles en cœur arrondi, droites, un peu lobées : corolle infundibuliforme : fruit oblong. ⊙ Am. mér.

P. CLYPEIFORMIS.　　*P. pastisson.*

Feuilles un peu lobées : fruit très-comprimé, surmonté d'un disque véruqueux. ☉ Am. mér.

Obs. Le nombre des étamines varie beaucoup dans les cucurbitacées cultivées, et la structure de leur fruit est encore un objet de discussion parmi les botanistes.

CLASSE XXIII.　DIOECIE.

ORDRE I.　MONANDRIE.

—

5o8. PANDANUS. L. ❀ *VOAKOA.*

MALE. Calice et corolle nuls : thyrse très-rameux, portant une anthère nue au bout de chaque ramification. *Femelle.* Calice et corolle nuls : ovaires nombreux, réunis en tête sur un phoranthe nu : chaque ovaire devient un drupe ligneux, cunéiforme, anguleux, à plusieurs loges monospermes.

P. ODORATUS. L.　　*V. odorant.*

Feuilles disposées en triple spirale, gladiées, munies d'aiguillons sur les bords et sur la carène. ♄ Ind.

ORDRE II. DIANDRIE.

509. SALIX. T. *SAULE.*

Mâle. Chaton imbriqué d'écailles portant chacune de deux à cinq étamines à la base. *Femelle.* Chaton imbriqué d'écailles, recouvrant chacune un ovaire surmonté d'un style à deux ou quatre stigmates : le fruit est une capsule uniloculaire, bivalve, renfermant plusieurs graines aigrettées.

S. CAPRÆA. L. *S. marceau.*

Tige sous-arborée : feuilles ovales, rugueuses, cotonneuses en dessous, ondulées, denticulées dans la partie supérieure : capsule velue, ventrue à la base. ♄ Fr.

S. VITELLINA. L. *S. osier jaune.*

Tige arborée : feuilles lancéolées, aiguës, dentées en scie, légèrement pubescentes : dentelures du bas glanduleuses : jeunes rameaux jaunâtres : capsule glabre. ♄ Fr.

S. TRIANDRA. L. *S. à trois étamines.*

Tige arborée : feuilles oblongues, lancéolées, dentées en scie, glabres : stipules petites, arrondies : étamines ternées. ♄ Fr.

S. RETUSA. L. *S. à feuilles rétuses.*

Tige couchée : feuilles obovales très-obtuses, quelquefois échancrées, glabres, légèrement dentées : chaton pauciflore : capsule glabre. ♄ Fr.

ORDRE III.   TÉTRANDRIE.

5io. BROUSSONETIA. Vent.
BROUSSONNETIE.

Mâle. Chaton cylindrique : calice quadriparti :
corolle nulle. *Femelle.* Chaton globuleux : calice
pédonculé, à trois ou quatre dents : corolle nulle :
style latéral : fruit monosperme, recouvert par le
calice devenu charnu, coloré, et dont le pédoncule s'est singulièrement allongé.

B. papyrifera. Vent.   *B. à papier.*

Feuilles en cœur, les unes entières, les autres
divisées depuis deux jusqu'à cinq lobes. ♄ Jap.

5i1. ILEX. L.   *HOUX.*

Calice petit, à quatre dents : quatre pétales réunis par la base : quatre stigmates : fruit arrondi,
succulent, à quatre osselets monospermes.

I. aquifolium. L.   *H. commun.*

Feuilles ovales, épineuses, luisantes, ondulées :
fleurs en bouquets axillaires. ♄ Fr.

I. cassine.   *H. apalachine.*

Feuilles ovales, lancéolées, dentées en scie :
fleurs en bouquets axillaires. ♄ Can.

Obs. On trouve les plantes de ce genre quelquefois à
fleurs hermaphrodites.

512. VISCUM. L. GUI.

Mâle. Calice entier, très-petit : quatre pétales réunis par la base : anthères insérées au milieu des pétales. *Femelle.* Calice et corolle comme dans le mâle : ovaire adhérent : style petit; stigmate en tête : baie arrondie, à pulpe visqueuse, monosperme.

V. ALBUM. L. *G. à fruit blanc.*

Feuilles lancéolées, obtuses : tige dichotome : épis axillaires. ♄ Fr.

513. MIRYCA. L. *MYRICA.*

Mâle. Chaton ovale, imbriqué d'écailles lunulées, staminifères. *Femelle.* Chaton écailleux; chaque écaille recouvre un ovaire à deux styles qui se change en un fruit arrondi, drupacé, uniloculaire et monosperme.

M. GALE. L. *M. galé.*

Feuilles lancéolées, légèrement dentées : fruit nu. ♄ Fr.

M. CERIFERA. L. *M. cirier.*

Feuilles lancéolées, légèrement dentées : fruit couvert de cire blanche. ♄ Fr.

ORDRE IV. PENTANDRIE.

514. PISTACIA. L. *PISTACHIER.*

Mâle. Calice nul dans le pistachier, à cinq lobes

11*

dans le lentisque et le térébinthe : corolle nulle
partout : étamines solitaires dans le pistachier, et
cinq à cinq dans le calice du lentisque et du térébinthe. *Femelle.* Calice nul dans le pistachier,
trifide dans les deux autres espèces : corolle nulle
partout : ovaire libre, oblique, à un seul style et à
deux ou trois stigmates papilleux, inégaux dans le
pistachier ; à trois styles et trois stigmates dans les
autres espèces : le fruit est coriace ou drupacé,
ovale, uniloculaire, bivalve, monosperme : la
graine est pendante au bout d'un long podosperme
qui, dans le pistachier, prend naissance au bas du
fruit, s'élève le long de l'une des sutures jusqu'au
sommet, et descend un peu de l'autre côté.

Obs. On voit, par l'exposé de ces caractères, qu'il est
contre les principes actuels de la botanique de laisser le
lentisque et le térébinthe dans le genre *pistachier*.

P. VERA.   *P. commun.*

Feuilles simples, bijuguées, ternées, ailées avec
impaire, à folioles ovales, oblongues, un peu aiguës, veinées. ♄ Syr.

P. TEREBINTHUS. L.   *P. térébinthe.*

Feuilles ailées avec impaire, à folioles ovales
lancéolées. ♄ Fr.

P. LENTISCUS.   *P. lentisque.*

Feuilles ailées sans impaire, à folioles lancéolées. ♄ Fr.

515. SPINACIA. T.   *ÉPINARD.*

Mâle. Calice quinqueparti. *Femelle.* Calice à deux ou quatre parties : style quadrifide : fruit sec, monosperme, recouvert par le calice qui augmente après le floraison.

S. SPINOSA.   *E. épineux.*

Feuilles sagittées : fruits cornus. ⊙

516. CANNABIS. T.   *CHANVRE.*

Mâle. Calice à cinq parties : corolle nulle. *Femelle.* Calice oblong, fendu latéralement : ovaire libre : style bifide : capsule crustacée, bivalve, uniloculaire, monosperme.

C. SATIVA. L.   *C. cultivé.*

Feuilles digitées : fleurs en épi composé, terminal, nu dans le mâle, feuillé dans la femelle. ⊙ Ind.

517. HUMULUS. L.   *HOUBLON.*

Mâle. Calice à cinq divisions. *Femelle.* Chaton composé de grandes écailles concaves, ayant chacune à la base un ovaire surmonté d'un style profondément bifide ; cet ovaire se change en un fruit monosperme, dont la graine, pendante, a l'embryon tors en spirale.

H. LUPULUS.　　*H. cultivé.*

Fleurs mâles en panicule; fleurs femelles en chaton : tige grimpante et volubile. ♃ Fr.

ORDRE V.　　HEXANDRIE.

518. TAMUS. T.　　*TAMIER.*

Mâle. Calice à six divisions : corolle nulle. *Femelle.* Calice adhérent, à six divisions : corolle nulle : style trifide : baie à trois loges dispermes.

T. COMMUNIS. L.　　*T. commun.*

Feuilles en cœur indivises : fleurs en grappes simples. ♃ Fr.

519. DIOSCOREA.　　*DIOSCORIDÉE.*

Mâle. Calice à six divisions. *Femelle.* Calice à six divisions : ovaire libre, surmonté de trois styles simples : capsule comprimée, à trois angles, trois valves, trois loges dispermes : graines comprimées, membraneuses.

D. PANICULATA. Mich.　　*D. à petites fleurs.*

Tige lisse : feuilles en cœur raccourci, acuminées, à neuf nervures pubescentes en dessous : fleurs mâles en grappes paniculées : fruits arrondis et glabres. ♃ Car.

520. SMILAX. T.　　*SALSEPAREILLE.*

Mâle. Calice étalé, à six divisions. *Femelle.*

Calice à six divisions : ovaire libre , surmonté de trois styles : baie globuleuse , à trois loges poly-spermes.

S. ASPERA.   S. d'Europe.

Tige en buisson , épineuse, flexueuse ; feuilles cordiformes, tachetées de blanc , garnies d'épines en leur bord et sur la nervure en dessous. ♄ Fr.

ORDRE VI.   OCTANDRIE.

521. RHODIOLA. T.   RHODIOLE.

Mâle. Calice quadrifide: quatre pétales : quatre ovaires stériles. *Femelle*. Calice et corolle comme dans le mâle : quatre ovaires surmontés de chacun un style : quatre capsules uniloculaires, poly-spermes : graines attachées au bord des valves.

R. ROSEA. L.   R. à odeur de rose.

Feuilles alternes, planes : fleurs terminales en corymbe resserré. ♃ Lap.

ORDRE VII.   ENNÉANDRIE.

522. MERCURIALIS. T.   MERCURIALE.

Mâle. Calice triparti : de neuf à douze étamines. *Femelle*. Calice triparti : deux étamines stériles : ovaire libre, bilobé : style bifide : capsule à deux coques monospermes s'ouvrant avec élasticité.

M. ANNUA. L. *M. annuelle.*

Tige rameuse, à rameaux croisés : feuilles glabres : fleurs en épis glomérés. ⊙ Fr.

M. PERENNIS. *M. vivace.*

Tige très - simple : feuilles rudes : fleurs portées
sur de longs pédoncules. ♃ Fr.

523. HYDROCHARIS. L. *HYDROCHARIS.*

Mâle. Spathe diphylle, triflore : calice triphylle : trois pétales : étamines disposées en trois
séries comme triadelphes. *Femelle.* Fleurs solitaires, nues : calice adhérent, triparti : trois pétales : ovaire ovale : six styles, à stigmates bifides :
capsule coriace, indéhiscente, à six loges, contenant des graines nombreuses, chagrinées.

H. MORSUS-RANÆ. L. *H. morréne.*

Feuilles en cœur arrondi : fleurs blanches. ♃ Fr.

ORDRE VIII.   DÉCANDRIE.

524. SCHINUS. T. *SCHINE.*

Mâle. Calice quinqueparti : cinq pétales : rudiment d'ovaire. *Femelle.* Calice et pétales comme
dans le mâle : étamines stériles : ovaire libre, surmonté de trois stigmates sessiles : baie pisiforme, à
trois loges, à trois graines globuleuses.

S. MOLLE. L. *S. molle.*

Feuilles ailées avec impaire, à folioles dentées; la foliole terminale très-longue. ♄ Pe.

ORDRE IX.   POLYANDRIE.

525. MENISPERMUM. L. *MENISPERME.*

Mâle. Involucre diphylle : calice à six folioles : six pétales : huit ou seize étamines. *Femelle.* Involucre, calice et corolle comme dans le mâle : huit étamines stériles : deux ou trois ovaires pédicellés, courbés en dedans, terminés chacun par un style simple, bifide : deux ou trois baies arrondies, réniformes, uniloculaires : graines solitaires, réniformes.

M. CANADENSE. *M. du Canada.*

Feuilles peltées en cœur arrondi, à cinq angles peu saillans : pédoncule suraxillaire, plus court que le pétiole, penché, divisé en deux grappes. ♄ Can.

526. DYOSPYROS. L. *PLAQUEMINIER.*

Mâle. Calice petit, à quatre dents : corolle monopétale en grelot, à quatre divisions : seize étamines rangées sur deux rangs au tube de la corolle : rudiment d'un ovaire. *Femelle.* Calice persistant, à quatre divisions : corolle comme dans le mâle : huit étamines stériles disposées sur un seul

rang au tube de la corolle : ovaire libre , surmonté
d'un style divisé en quatre branches bifides : baie
globuleuse , pulpeuse , à huit loges polyspermes :
les graines pendent du sommet de l'axe commun;
elles sont comprimées , endospermiques ; et leur
embryon , logé dans le bout de l'endosperme, a
la radicule dirigée vers l'ombilic.

D. VIRGINIANA. L.   *P. de Virginie.*

Feuilles oblongues , aiguës, dénuées de glandes.
♄ Am. sept.

527. POPULUS. T.   *PEUPLIER.*

Mâle. Chaton cylindrique , formé d'écailles portant à la base un petit urcéole tronqué obliquement, et contenant de huit à trente étamines. *Femelle.* Chaton comme dans le mâle : ovaire unique
sous chaque écaille , terminé par quatre stigmates :
capsule bivalve, biloculaire , contenant un grand
nombre de graines ovales aigrettées.

P. ALBA. L.   *P. blanc.*

Feuilles en cœur arrondi, lobées, dentées , cotonneuses et blanchâtres en dessous , glabres en
dessus : bouton obtus , cotonneux : fleurs octandres. ♄ Fr.

P. TREMULA. L.   *P. tremble.*

Feuilles suborbiculaires, dentées, anguleuses ,
glabres des deux côtés : pétiole comprimé : bouton
obtus , velu : fleurs octandres. ♄ Fr.

P. BALSAMIFERA. L.   *P. baumier.*

Feuilles en cœur denticulées, glabres des deux côtés : bouton aigu, luisant et visqueux. ♄ Am. sept.

ORDRE X.   MONADELPHIE.

528. RUSCUS. T.   *FRAGON.*

Mâle. Calice à six divisions : corolle nulle : six étamines dont les filets sont réunis en un urcéole entier, ventru. *Femelle.* Calice et corolle comme dans le mâle : urcéole dénué d'anthères : ovaire libre, surmonté d'un style simple : baie à trois loges dispermes.

Obs. Les anthères étant aussi un peu soudées ensemble par leur base, on pourroit mettre ce genre dans la diœcie symphysandrie, s'il s'y trouvoit quelque analogue.

R. PUNGENS. Rich.   *F. piquant.*

Tige roide, rameuse : fleurs solitaires, naissant à nu sur le milieu des feuilles. ♄ Fr.

R. HYPOGLOSSUM. L.   *F. à languette.*

Tige flexueuse, un peu rameuse : fleurs glomérées, naissant sur le milieu des feuilles, et recouvertes d'une bractée foliacée, aiguë. ♄ Fr.

529. TAXUS. T.   *IF.*

Mâle. Involucre uniflore, formé de plusieurs

écailles ovales, arrondies, cruciées : calice et corolle nuls : colonne staminifère, centrale, droite,
divisée supérieurement en dix ou quinze branches
terminées chacune par une anthère peltée, poly-
gone, à 4–12 loges, s'ouvrant en dessous par 4-12
fentes basilaires. *Femelle*. Involucre comme dans
le mâle, contenant une ou deux fleurs : chaque
fleur, renfermée dans une cupule rétrécie et bifide
au sommet, a un calice adhérent, à peine visible ;
point de corolle ; un stigmate ponctiforme. La
cupule grandit, devient succulente, colorée, s'é-
vase un peu à son orifice, et laisse voir dans son
intérieur le sommet d'un petit fruit noir, monosperme, dont la graine endospermique contient
un embryon dressé, à deux cotylédons.

T. BACCATA. L.   *I. commun.*

Feuilles linéaires distinctes, persistantes : cupule rouge, faisant corps avec le fruit. ♄ Eur.

530. JUNIPERUS. T.   *GENEVRIER.*

Mâle. Chaton ovale, formé d'écailles peltées,
verticillées, portant chacune de quatre à huit anthères uniloculaires, insérées sur un simple ou
double rang. *Femelle*. Chaton globuleux, formé
de trois écailles concaves, munies chacune à la
base d'une cupule renfermant un ovaire : les trois
écailles se soudent ensuite, deviennent succulen-
tes, et forment une sorte de baie renfermant trois
osselets monospermes.

J. COMMUNIS. L.   *G. commun.*

Feuilles ternées, étalées, mucronées, plus longues que le fruit. ♄ Fr.

J. SABINA. L.   *G. sabine.*

Feuilles opposées, décurrentes, droites, appli·
quées contre la tige. ♄ Fr.

531. EPHEDRA. T.   *ÉPHÈDRE.*

Mâle. Chaton court : calice oblong, bilobé :
colonne centrale très - longue, formée par la réu-
nion des filets des étamines, portant au sommet
six ou huit anthères uniloculaires. *Femelle.* Involucre formé de plusieurs écailles engaînées les unes
dans les autres, bifides au sommet, recouvrant
une ou deux cupules qui enveloppent entièrement
chacune un ovaire, et ne laissent sortir que le
style : toutes ces écailles grandissent, deviennent
charnues dans la maturité, et constituent enfin
une sorte de baie ovale, à une ou deux graines
endospermiques dont l'embryon a la radicule supère.

E. DISTACHIA. L.   *E. à deux épis.*

Rameaux articulés, dénués de feuilles : pédoncules opposés : épis resserrés en chaton. ♄ Fr.

CLASSE XXIV. ANOMALOECIE.
ORDRE I.   DIANDRIE.

532. FRAXINUS. T.   *FRÊNE.*

HERMAPHRODITE. Calice à quatre dents : corolle nulle ou à quatre pétales : ovaire libre, surmonté d'un style à deux stigmates. *Femelle.* Calice, pétales et pistil comme dans l'hermaphrodite :
le fruit est une samare linguiforme, à une ou deux
loges monospermes.

F. EXCELSIOR. L.   *F. commun.*

Feuilles ailées, à folioles lancéolées, oblongues,
atténuées vers le sommet, dentées en scie : fleurs
apétalées ; fruit échancré obliquement au sommet.
♄ Fr.

E. ORMUS. L.   *F. -à fleurs.*

Feuilles ailées, à folioles lancéolées, pétiolées,
dentées en scie : fleurs pétalées, hermaphrodites.
♄ Fr.

ORDRE. II.   TRIANDRIE.

533. HOLCUS. L.   *HOLQUE.*

Hermaphrodite. Lépicène bivalve, uniflore (rarement biflore) : glume bivalve : valve extérieure barbue. *Mâle*. Fleur plus petite que l'hermaphrodite et dénuée de barbe.

H. SORGHUM. L.   *H. sorgho.*

Panicule un peu lâche, ovale : épillets velus, barbus. ⊙ Fr.

534. PENNISETUM. Mich.   *PENNISETE.*

Ce genre diffère du précédent en ce que la glume des fleurs hermaphrodites est dépourvue de barbe.

P. TYPHOIDEUM. Mich.   *P. millet-d'Inde.*

Epi ovale oblong : fleurs géminées, entourées de soies à la base. ⊙ Ind.

ORDRE III.   TÉTRANDRIE.

535. VALLANTIA. T.   *VAILLANTIE.*

Hermaphrodite. Calice adhérent, à peine visible : corolle monopétale, plane, quadrifide : ovaire surmonté d'un style semi-bifide : fruit à deux coques monospermes ou à une seule coque par avortement. *Mâle.* Calice, corolle, étamines comme dans l'hermaphrodite.

V. CRUCIATA. L.   *V. croisette.*

Tige rampante : feuilles quaternées, velues, à trois nervures : pédoncules axillaires, diphylles. ♃ Fr.

Obs. Cette plante est réunie aux caille-laits dans la *Flore française.*

536. PARIETARIA. T.   *PARIÉTAIRE.*

Involucre multifide, multiflore. *Hermaphro-dite.* Calice quadrifide, persistant : corolle nulle : ovaire libre : stigmate pénicilliforme. *Femelle.* Calice, corolle et ovaire comme dans la fleur hermaphrodite : le fruit de l'une et de l'autre, renfermé dans le calice, est monosperme, à graine pendante, dont l'embryon a la radicule dirigée vers le point d'attache.

P. OFFICINALIS. L.   *P. officinale.*

Feuilles lancéolées, acuminées aux deux bouts, un peu luisantes en dessus, nerveuses et velues en dessous. ♃ Fr.

ORDRE IV.   PENTANDRIE.

537. ATRIPLEX.   *ARROCHE.*

Hermaphrodite. Calice quinqueparti : corolle nulle : style bifide. *Femelle.* Calice bivalve, comprimé : fruit de l'une et de l'autre fleur orbiculé, très-comprimé, monosperme, contenu dans le calice : graine périspermique ; embryon périphérique.

A. HORTENSIS. L.   *A. des jardins.*

Tige droite : feuilles hastées, deltoïdes : valves du calice femelles entières. ⊙ As.

A. HALIMUS. L.   *A. halime.*

Tige diffuse : feuilles deltoïdes, décurrentes sur le pétiole. ♄ Fr.

538. CELTIS. T.   *MICOUCOULIER.*

Hermaphrodite. Calice quinqueparti, marcescent : corolle nulle : ovaire libre, ovale, surmonté de deux longs stigmates pubescens : drupe globuleux, uniloculaire, monosperme. *Mâle.* Calice, corolle, étamines comme dans l'hermaphrodite.

C. OCCIDENTALIS.   *M. d'Occident.*

Feuilles ovales, obliques, acuminées, dentées en scie. Am. ♄ sept.

539. CERATONIA. L.   *CAROUBIER.*

Hermaphrodite. Calice quinquefide : corolle nulle, de cinq à sept étamines insérées au dehors d'un disque lobé qui entoure l'ovaire ; celui-ci se change en un légume long, comprimé, coriace en dehors, pulpeux en dedans, contenant des graines dures et luisantes. *Mâle.* Calice, étamines comme dans l'hermaphrodite.

C. SILIQUA. L.   *C. comestible.*

Feuilles ailées : fleurs en épis axillaires. ♄ Fr.

ORDRE V.   HEXANDRIE.

540. VERATRUM. T.   *VERATRE.*

Hermaphrodite. Calice à six divisions oblongues, persistantes : corolle nulle : trois ovaires droits, oblongs, terminés en style simple : trois capsules oblongues, comprimées, uniloculaires, univalves, s'ouvrant du côté intérieur : plusieurs graines oblongues, comprimées, membraneuses, attachées au bord des valves. *Mâle.* Calice, étamines comme dans l'hermaphrodite : ovaires stériles.

V. ALBUM. L.   *V. blanc.*

Grappe surcomposée : calice légèrement étalé, d'un blanc verdâtre. ♃ Fr.

V. NIGRUM. L.   *V. noir.*

Grappe composée : calice très-étalé, noirâtre. ♃ Fr.

ORDRE VI.   MONADELPHIE.

541. MIMOSA. L.

Hermaphrodite. Calice à cinq dents : corolle nulle ou à cinq dents : huit étamines : ovaire libre, se changeant en un légume divisible en articulations monospermes. *Mâle.* Calice, corolle, étamines comme dans l'hermaphrodite.

M. PUDICA. L. *M. sensitive.*

Feuilles ailées, presque digitées ; tige, pétioles et pédoncules garnis d'aiguillons. ⊙ ♂ ♄ Am. mér.

542. DEMANTHUS. Willd. *DEMANTHE.*

Hermaphrodite. Calice à cinq dents : corolle pentapétale ou à cinq parties : dix étamines : légume bivalve. *Neutre.* Calice et corolle comme dans l'hermaphrodite : dix étamines stériles, lancéolées.

D. VIRGATUS. Willd. *D. effilée.*

Tige droite, anguleuse, effilée : feuilles deux fois ailées : têtes pauciflores : légume linéaire. ⊙ ♂ Am. mér.

543. ACACIA. Willd. *ACACIE.*

Hermaphrodite. Calice à cinq dents : corolle à cinq divisions ou à cinq pétales : étamines de quatre à cent : légume bivalve. *Mâle.* Calice, corolle, étamines comme dans l'hermaphrodite.

A. FARNESIANA. Willd. *A. de Farnèse.*

Épines stipulaires, sétacées, distinctes : feuilles deux fois ailées : têtes globuleuses, légèrement pédonculées : légume cylindrique, toruleux.

A. JULIBRISSIN. Willd. *A. Julibrissin.*

Tige sans épines : feuilles deux fois ailées : épis presque globuleux, terminaux, agrégés : légumes aplatis. ♄ Or.

CLASSE XXV. AGAMIE.
ORDRE I. FOUGÈRES.

544. PTERIS. L. *PTERIDE.*

CAPSULES réunies en lignes non interrompues le long du bord de la feuille , et recouvertes par un tégument s'ouvrant du dedans en dehors , formé par le bord de la feuille replié en dessous.

P. AQUILINA. L. *P. aquiline.*

Feuilles radicales droites , trois ou quatre fois ailées : folioles inférieures , tripartites : folioles supérieures lancéolées. ♃ Fr.

P. SPICANT. Rich. *P. spicant.*

Feuilles stériles , lancéolées , pennatifides , à découpures confluentes , parallèles , très-entières ; feuilles fertiles terminées en grappe rameuse. ♃ Fr.

Obs. On fait un blechnum de cette plante dans la *Flore françoise.*

P. CORNICULATA. Rich. *P. corniculée.*

Feuilles nues , linéaires , laciniées. ♃ Eur.

545. ADIANTHUM. L. *ADIANTHE.*

Capsules réunies en lignes interrompues au bord de la feuille , et recouvertes par un tégument s'ouvrant du dedans en dehors, formé par le bord de la feuille replié en dessous.

A. CAPILLUS-VENERIS. *A. capillaire.*

Feuilles surcomposées , à folioles cunéiformes, incisées et découpées en leur bord supérieur : pétiole lisse. ♃ Fr.

546. NEPHRODIUM. Rich. *NÉPHRODE.*

Capsules disposées en points arrondis , épars , recouverts d'un tégument ombiliqué, attaché seulement par le centre, et libre dans toute la circonférence.

N. FILIX MAX. *N. fougère mâle.*

Feuilles deux fois ailées, à folioles oblongues, crénelées , dentées au sommet, ayant à la base deux points de fructification de chaque côté : pétiole écailleux. ♃ Fr.

547. ATHYRIUM. Roth. *ATHYRIUM.*

Capsules disposées en points elliptiques, épars, couverts d'un tégument qui s'ouvre du côté intérieur.

A. FILIX. FOEMINA. *A. fougère femelle.*

Feuilles deux fois ailées , à folioles pennatifides aiguës. ♃ Fr.

548. POLYPODIUM. L. *POLYPODE.*

Capsules nues , rassemblées en points arrondis , épars.

P. VULGARE. L. *P. commun.*

Feuilles pennatifides , à lobes oblongs obtus, un peu dentées : tige rampante , écailleuse. ♃ Fr.

549. SCOLOPENDRIUM. Sm. *SCOLOPENDRE.*

Capsules disposées en lignes éparses , transver-sales entre deux nervures , recouvertes par deux tégumens latéraux d'abord unis , et s'ouvrant en-suite par une fissure longitudinale.

S. OFFICINALE. *S. officinale.*

Feuilles ligulées , échancrées en cœur à la base. ♃Fr.

S. CETERACH. *S. cétérach.*

Feuilles pennatifides , à lobes alternes , con-fluens , obtus : fructification toute couverte d'é-cailles. ♃ Fr.

Obs. Cette plante fait partie du genre cétérach de la *Flore françoise.*

550. ASPLENIUM. L. *ASPLENIUM.*

Capsules disposées en lignes transversales ; té-gument prenant son origine aux nervures latérales, et s'ouvrant du côté de la côte médiane.

A. TRICHOMANES. L. *A. trichomane.*

Feuilles ailées, à folioles arrondies, dentées : pétiole noirâtre. ♃ Fr.

A. RUTA-MURARIA. L. *A. sauve-vie.*

Feuilles surcomposées, à divisions alternes : folioles cunéiformes, crénelées et presque trilobées.

551. OSMUNDA. L. *OSMONDE.*

Capsules arrondies, pédicellées, uniloculaires, bivalves, disposées en grappe terminale, ou rapprochées sur le dos des feuilles.

O. REGALIS. L. *O. royale.*

Feuilles deux fois ailées : toutes fructifères : grappe terminale, surcomposée. ♃ Fr.

552. ONOCLEA. L. *ONOCLÉE.*

Capsules sous les divisions de la feuille recourbées, contractées et imitant des péricarpes.

O. SENSIBILIS. *O. sensible.*

Feuilles ailées, terminées presque en grappes. ♃ Virg.

553. BOTRYPUS. Rich. *BOTRYPE.*

Capsules sessiles, bivalves, disposées sur deux rangs le long des branches d'un épi rameux, et roulé en crosse à sa naissance.

B. LUNARIA. Rich. .   *B. en croissant.*

Feuilles solitaires, ailées, à folioles taillées en croissant. ♃ Fr.

554. OPHIOGLOSSUM. L. *OPHIOGLOSSE.*

Capsules arrondies, sessiles, uniloculaires, s'ouvrant en travers, et réunies en épi distique un peu articulé.

O. VULGATUM. L.   *O. vulgaire.*

Feuille ovale. ♃ Fr.

555. PILULARIA. L.   *PILULAIRE.*

Involucres solitaires, presque sessiles, globuleux, coriaces, quadriloculaires.

P. GLOBULIFERA. L.   *P. globulifère.*

Feuilles filiformes. Fr.

FIN.

TABLE.

FIN DE LA TABLE.

De l'Imprim. de CELLOT, rue des Gr.-Augustins, n° 9.

CLEF du SYSTÈME SEXUEL modifié par M. le professeur RICHARD.

CLASSES.

- **PLANTES à**
  - **organes sexuels existans.**
    - **Fleurs toutes hermaphrodites.**
      - **Étamines séparées du pistil.**
        - **Libres.**
          - **Proportion indéterminée.**
            - **Nombre des étamines, sans égard à l'insertion.**
              - Une . . . . **1. MONANDRIE.**
              - Deux . . . . **2. DIANDRIE.**
              - Trois . . . . **3. TRIANDRIE.**
              - Quatre . . . . **4. TÉTRANDRIE.**
              - Cinq . . . . **5. PENTANDRIE.**
              - Six . . . . **6. HEXANDRIE.**
              - Sept . . . . **7. HEPTANDRIE.**
              - Huit . . . . **8. OCTANDRIE.**
              - Neuf . . . . **9. ENNÉANDRIE.**
              - Dix . . . . **10. DÉCANDRIE.**
              - Plus de dix insérées sous l'ovaire. . . . **11. POLYANDRIE.**
            - **Nombre des étamines, eu égard à l'insertion.**
              - Plus de dix insérées au calice, l'ovaire étant libre ou pariétal. . . . **12. CALYCANDRIE.**
              - Plus de dix insérées au calice, l'ovaire faisant corps de toute part avec le tube calicinal. . . . **13. HYSTÉRANDRIE.**
          - **Proportion déterminée.**
            - Deux grandes et deux petites. . . . . . **14. DIDYNAMIE.**
            - Quatre grandes et deux petites. . . . . **15. TÉTRADYNAMIE.**
        - **Réunies.**
          - **par les filets.**
            - en un seul corps. . . . . . **16. MONADELPHIE.**
            - en deux corps. . . . . . . **17. DIADELPHIE.**
            - en plus de deux corps . . . **18. POLYADELPHIE.**
          - **par les anthères.**
            - par les anthères, l'ovaire étant monosperme. . . . **19. SYNANTHÉRIE.**
            - par les anthères seules, ou en même temps par les filets, l'ovaire étant polysperme. . . . **20. SYMPHYSANDRIE.**
      - **Étamines unies au pistil** . . . . **21. GYNANDRIE.**
    - **Fleurs non toutes hermaphrodites.**
      - **Fleurs unisexes** . . .
        - Fleurs mâles et fleurs femelles sur le même individu . . . **22. MONOECIE.**
        - Fleurs mâles et fleurs femelles sur des individus différens. . . **23. DIOECIE.**
      - Fleurs hermaphrodites et fleurs unisexes sur le même ou sur des individus différens. . . **24. ANOMALOECIE.**
  - **organes sexuels non existans** . . . . **25. AGAMIE.**